"十二五"职业教育国家规划立项教材

机械拆装实训

主　编　晏初宏

参　编　曹　伟　晏　龙　蒋双庆
　　　　姚　娈　涂承刚

主　审　刘吉普

机械工业出版社

CHINA MACHINE PRESS

本书是"十二五"职业教育国家规划立项教材,具有"定位准确、注重能力、内容创新、结构合理和叙述通俗"的编写特色,强化了知识性与实践性的统一,通过较为翔实的卧式车床应用实例、丰富的图画和深入浅出的文字描述,比较全面地叙述了机械拆装的知识,具有较强的知识性、科学性和可读性。

全书共6章,围绕卧式车床拆装、卧式车床相关零部件检修的核心知识,主要介绍了常用工量具使用的一般知识、紧固件的使用及更换、机械设备的拆卸和装配、典型机构的拆装、卧式车床的主要部件结构、卧式车床的修理工艺等内容。

为便于教学,本书配有相关教学资源,选择本书作为教材的教师可登录 www.cmpedu.com 网站,注册后免费下载。

本书可作为中等职业学校数控技术应用专业技能课的教材,也可供高等职业学院学生以及从事相关专业的工程技术人员参考或作为企业的培训教材。

图书在版编目(CIP)数据

机械拆装实训/晏初宏主编. —北京:机械工业出版社,2016.11
(2023.12重印)

"十二五"职业教育国家规划立项教材

ISBN 978-7-111-55059-4

Ⅰ.①机…　Ⅱ.①晏…　Ⅲ.①装配(机械)-职业教育-教材

Ⅳ.①TH163

中国版本图书馆CIP数据核字(2016)第240070号

机械工业出版社(北京市百万庄大街22号　邮政编码100037)
策划编辑:汪光灿　责任编辑:汪光灿　张丹丹
封面设计:张　静　责任校对:肖　琳
责任印制:郜　敏
北京富资园科技发展有限公司印刷
2023年12月第1版第8次印刷
184mm×260mm·8.75印张·206千字
标准书号:ISBN 978-7-111-55059-4
定价:29.80元

电话服务　　　　　　　　　网络服务
客服电话:010-88361066　　机　工　官　网:www.cmpbook.com
　　　　　010-88379833　　机　工　官　博:weibo.com/cmp1952
　　　　　010-68326294　　金　书　网:www.golden-book.com
封底无防伪标均为盗版　机工教育服务网:www.cmpedu.com

前　言

本书是由全国机械职业教育教学指导委员会和机械工业出版社联合组织编写的"十二五"职业教育国家规划立项教材，是根据教育部公布的《职业院校数控技术专业教学标准》编写的。

随着材料、机械、电子等技术的不断发展，机械设备的技术也有了很大的进步，新结构、新技术的应用越来越多，机械设备的检修工艺也随之发生了很大的变化。本书将机械设备维修手册中的图画和文字描述结合起来，融"教、学、做"为一体，力求体现"能力本位"的现代教育思想和理念，突出实践技能训练和动手能力培养的特色，注重实用性、通用性和典型性，使"理论为实践服务"和"理论够用为度"成为可能。

本书内容丰富，资料翔实，题材新颖，其内容涵盖了机械拆装与检修的技能和知识要点，具有知识面广、实用性强的特点。本书教学参考时数为 60 学时，第 1 章~第 4 章是必修的内容，第 5 章和第 6 章为选修的内容。教师可以根据学生的实际情况和教学时数完成必修的内容，如有多余的教学时数，还可以适当安排选修的内容。总的来说，学时的安排是以满足学生学习知识和培养学生动手能力为目的。

另外，卧式车床是人们所熟知的一种机械，可选用简易卧式车床作为学生机械拆装实训的设备，通过将简易卧式车床拆卸解体、再装配好，然后通电运转起来，使学生完成一个实训学习的循环，对培养学生的学习积极性以及动手能力都是很有帮助的。

本书由晏初宏担任主编，参加编写的有曹伟、晏龙、蒋双庆、姚娈、涂承刚。其中，绪论、第 6 章由湖南应用技术学院晏初宏编写，第 1 章由湖南应用技术学院姚娈编写，第 2 章由中航工业成都飞机工业（集团）有限责任公司晏龙编写，第 3 章由湖南应用技术学院蒋双庆编写，第 4 章由中国航天科工二院二部结构总体室曹伟编写，第 5 章由常德财经学校涂承刚编写。全书由晏初宏负责统稿和定稿工作。

本书由湖南应用技术学院刘吉普教授担任主审，他对全书原稿进行了细致、详尽的审阅，提出了许多宝贵的建议和修改意见。另外，在编写本书的过程中得到了相关企业、科研院所的大力支持和帮助。在此，谨向他们表示衷心的感谢。

本书经全国职业教育教材审定委员会审定，评审专家对本书提出了宝贵的建议，在此对他们表示衷心感谢！编写过程中，编者参阅了国内出版的有关教材和资料，在此一并表示衷心感谢！

由于编者水平有限，书中的缺点和错误在所难免，恳请读者给予批评指正。

编　者

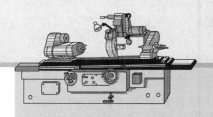

绪 论

　　人类所从事的任何创新发明，不管是物质创新发明还是精神创新发明，不管是具体物品的创新发明还是知识理论的创新发明，都是通过社会实践来实现的，是在社会实践的过程中形成、检验和发展的，如图 0-1 所示。脱离了社会实践活动，任何创新发明都是不可能实现的。现代社会对人才的需求已不仅仅停留在专业理论知识的掌握上，而是要求具备从事某种社会职业岗位的工作能力和素质。工程实践训练恰恰能够使学生尝试从学生角色向社会劳动者角色的转变，是一个从学习成长性实践向劳动创造性实践过渡与转变的初始化过程。

a)　　　　　　　　　　　　　　　　　b)

图 0-1　实践与发明

a）鲁班和他的发明　b）钻木取火

　　微电子、信息（计算机与通信、控制理论、人工智能等）、新材料、系统科学所代表的新一代工程科学与技术的迅猛发展，以及在机械制造领域中的广泛渗透、应用、衍生，极大地拓展了机械制造活动的深度和广度，急剧地改变了现代设计方法、产品结构、生产方式、生产工艺、生产设备以及生产组织结构，产生了一大批新的制造技术和制造模式。新技术的综合作用促进了制造技术在宏观（制造系统集成）和微观（精密、超精密、微纳米加工检测）两个方向上的蓬勃发展。

工程实践训练本身就是直接的、现实的物质活动，能引起加工工件的改变；同时，工程实践训练又能把理论的东西变成现实的东西，在现实中实现主体的目的、愿望和意图，并在这个过程中改变和发展主体自身。工程实践训练主要以实践教学为主，课堂教学与自学为辅，学生必须在实习实训现场进行某些主要工种的实际操作，了解机械制造的一般过程及机械零件的常用加工方法，熟悉主要机械加工设备的工作原理与典型结构，学会使用常用工具与量具的基本技能。对简单零件初步具有选择加工方法和进行工艺分析的能力，在某些主要工种上应具有独立完成简单零件加工制造的实践能力，使学生增强对生产工程的感性认识，培养理论联系实际的科学作风，树立正确的工程观念和劳动观点，以逐步获得工程技术技能人员应具备的基本素质和能力。

工程实践训练作为一个实践性的教学环节，学生亲自动手，进行多样性的生产作业，这就在本质上区别于其他参观性的实习。工程实践训练中的每个学生在某个工种亲自独立操作、加工产品，增加了感性认识和动手实践能力。通过实践学到的知识，则是朴实而又扎实的知识。在工程实践训练的操作过程中，会碰到各种工艺技术问题，需要自己运用已掌握的理论知识和技术技能去独立分析，进行工艺方案的比较，亲手解决工艺技术问题，分析出现错误的原因，找出防止产生加工缺陷的方法，对培养学生独立思考、独立工作和独立完成任务的综合能力十分有利。

0.2　机械与机械工业

人类通过长期的生产实践，创造和发明了机器，并使其不断发展而形成当今多种多样的类型。虽然机器的种类繁多，但为了认识机器组成的基本规律，可以从机器的功能和作用等角度来剖析机器。在日常生活中，常见的机器有摩托车、缝纫机、洗衣机和搅面机等；在生产活动中，常见的机器有汽车、拖拉机、飞机、轮船、各种机床和内燃机等。它们的构造、性能和用途各不相同，但总的来说机器具有三个共同的特征：一是，都是一种人为的实物组合（不是自然形成的）；二是，各运动单元具有确定的相对运动；三是，代替人类劳动，完成物流、信息的传递及能量的转换。同时具备这三个特征，才称为机器，仅具备前两个特征称为机构。

机器中常用的机构有带传动机构、链传动机构、齿轮机构、连杆机构、凸轮机构、螺旋机构、间歇运动机构以及组合机构等。一部机器，特别是自动化机器，要实现较为复杂的工艺动作过程，往往需要多种类型的机构。例如，内燃机的传动部分由曲柄滑块机构、齿轮机构和凸轮机构组成；牛头刨床具有带传动机构、齿轮机构、导杆机构、间歇运动机构和螺旋机构等多种机构。

很显然，机器和机构最明显的区别是：机器能做有用功，而机构却不能，机构仅能实现预期的机械运动。两者之间也是有联系的：机器是由几个机构组成的系统，最简单的机器只有一个机构。但从运动学的观点来看两者并无区别，通常把机器与机构统称为机械。

组成机构的各相对运动实体称为构件。机构运动时，构件作为一个整体参与运动。构件可以是一个零件，如图0-2所示的内燃机曲轴4；也可以是多个零件的刚性组合体，如内燃机的连杆3（见图0-2）。由此可见，构件是机器中运动的单元，而零件是制造单元。另外，通常把为协同完成某一功能而装配在一起的若干个零件的装配体称为部件，它是装配单元，如联轴器、轴承、减速器等。因而，"机械零件"也用来泛指零件和部件。

各种机器普遍使用的零件称为通用零件，如螺柱、螺母、螺钉、齿轮和轴等；只在某些特定类型的机器中才使用的零件称为专用零件，如发动机中的曲轴和活塞、汽轮机的叶片、纺织机中的织梭等。

机械工业部门通常分为一般机械、电工和电子机械、运输机械、精密机械和金属制品五大行业。一般机械包括动力机械、拖拉机和农业机械、工程机械、矿山机械与金属加工机械、工业设备、通用机械、办公机械、服务机械等，是构成工业生产力的重要基础。电工和电子机械包括发电、输配电设备和工业用电设备、电器、电线电缆、照明设备、电信设备、电子元件、计算机、电视机、收音机等。电是现代社会不可或缺的二次能源，以计算机为基础的自动化更是肩负着改造传统生产模式的任务。运输机械包括汽车、铁路机车、船舶与航空航天设备等。精密机械包括科学仪器、计量仪器、光学仪器、医疗器械、钟表等。金属制品包括金属结构、容器、铸件、锻件、冲压件、紧固件等。

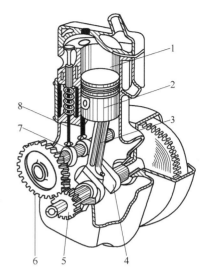

图 0-2 单缸四冲程内燃机

1—气缸体 2—活塞 3—连杆
4—曲轴（曲柄） 5—小齿轮 6—大
齿轮 7—凸轮 8—阀门推杆

机械行业的工作包括了品种、质量、成套、服务和用户实践五个方面。质量是品种的生命；品种是成套的基础；成套是形成生产能力的手段；服务是使用和制造之间的桥梁；用户实践是改进产品的依据。图 0-3 所示为机械产品发展的关系图。相应地，一件产品在其生命周期内包含了研究、试验、设计、制造、安装、使用和维修七个环节。

在机械产品的生产过程中，设计、材料、制造工艺是相互制约、相辅相成的。为了能经济地、高质量地进行生产，这三者必须恰当地组合。图 0-4 进一步说明了产品生产中材料、设计与制造工艺之间的关系。

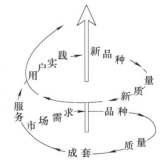

图 0-3 机械产品
发展的关系图

机械制造业的生产过程一般包括生产技术准备、基本生产、辅助生产、生产服务及附属生产等环节。在传统的企业运行系统中，企业的生产单位依据其所处环节而分为相应的部门，每一部门又根据所承担的任务成立相应的车间、科室、站、仓库等，并配备相应的人员、机器设备和其他必要的装置。在现代企业制度下，企业的一切经营活动都以实现企业的发展战略目标为出发点和落脚点，以生产力诸要素的最佳组合和投入产出全过程的有效控制为基础，这正是新的企业运行系统的要旨。在这一系统下，企业由"三大部"组成：市场经营部，负责商品销售、市场预测、售后服务、宣传分布、传授技术、接受订货等；设计开发部，负责新产品的研究、试验和设计以及新材料、新工艺和新装备的开发，接受特种订货设计等；生产制造部，负责工艺编制、原材料及半成品库存管理、加工、装配、质量保证、设备维修、能源管理等。

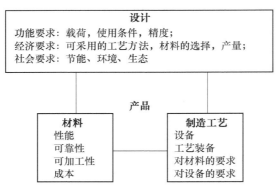

图 0-4　产品生产中材料、设计与制造工艺之间的关系

0.3 机械设备的维护

正确使用与维护机械设备是机械设备管理工作的重要环节，是由操作工人和专业人员根据机械设备的技术资料及参数要求和保养细则来对机械设备进行一系列的维护工作，也是机械设备自身运动的客观要求。机械设备维护保养工作包括：日常维护保养（一级保养）、机械设备的润滑和定期加油换油，预防性试验，定期调整精度和机械设备的二、三级保养。维护保养的好坏直接影响机械设备的运作情况、产品质量及企业的生产效率。因此，在学生步入生产岗位前，让其树立起对机械设备的维护保养与管理意识很重要。

通过擦拭、清扫、润滑、调整等一般方法对机械设备进行护理，以维持和保护机械设备的性能和技术状况，称为机械设备维护保养。加强工程实践训练工厂的机械设备维护保养，是使机械设备始终处于完好状态，确保工程实践训练正常进行的重要前提。

机械设备维护保养的要求主要有四项：

1）清洁。机械设备内外整洁，各滑动面、丝杠、齿条、齿轮箱、油孔等处无油污，各部位不漏油、不漏气，机械设备周围的切屑、杂物、脏物要清扫干净。

2）整齐。工具、附件、工件（产品）要放置整齐，管道、线路要有条理。

3）润滑良好。按时加油或换油，不断油，无干摩擦现象，油压正常，油标明亮，油路畅通，油质符合要求，油枪、油杯、油毡清洁。

4）安全。遵守安全操作规程，不超负荷使用机械设备，机械设备的安全防护装置齐全可靠，及时消除不安全因素。

机械设备的维护保养内容一般包括日常维护、定期维护、定期检查和精度检查，机械设备的润滑和冷却系统维护也是机械设备维护保养的一个重要内容。机械设备的日常维护保养是机械设备维护的基础工作，必须做到制度化和规范化。机械设备定期检查是一种有计划的预防性检查，检查的手段除用人的感官以外，还要使用一定的检查工具和仪器，按定期检查卡执行。定期检查又称为定期点检。对机械设备还应进行精度检查，以确定机械设备实际精度的优劣程度。

机械设备的维护应按维护规程进行。机械设备维护规程是对机械设备日常维护方面的要求和规定，坚持执行机械设备维护规程，可以延长机械设备的使用寿命，保证安全、舒适的工作环境。其主要内容应包括：

1）机械设备要达到整齐、清洁、坚固、润滑、防腐、安全等目的的作业内容、作业方法，以及使用的工器具和材料要达到的标准及注意事项。

2）日常检查维护及定期检查的部位、方法和标准。

3）检查和评定操作工人维护机械设备程度的内容和方法等。

0.4　安全教育

工程实践训练属于实践教学环节，在工程实践训练中，学生需要与各种加工设备实实在在地打交道，学会安全工作是非常重要的。在注意自身安全的同时，也要考虑到周围人员的安全。一般情况下，初进工厂的学生可能会忽视安全问题。当没有系安全带、行走于梯子下面或在工作区内堆放杂物时，事故都有可能会发生。学生首先必须牢记：一时的疏忽而导致的事故，将影响自己的一生。由于没有戴防护镜而造成失明，或由于穿着宽松的衣服搅入机器而造成的人身事故（断手、断臂等）都会影响或结束职业生涯。只有提高安全意识，才能安安全全工作，平平安安回家。

1）学生到工程实践场地实习实训，必须学习安全制度，并以适当方式进行必要的安全考核。

2）不准穿拖鞋、高跟鞋、短裤或裙子进入工程实践场地参加实习实训，女同学需戴工作帽。手指甲必须剪整齐，按照要求穿工作服进入工程实习实训等实践场地。实习实训时，必须按工种要求穿戴防护用品。

3）操作时必须精神集中，不准与别人闲谈，不准阅读书刊和收听广播。

4）不准在工程实习实训等实践场地内追逐、打闹、喧哗、玩手机、串岗等。

5）学生除在指定的机械设备上进行实习实训外，其他的一切机械设备、工具未经同意不准私自动用。

6）现场教学时，学生必须服从教师和工人师傅的安排，注意听讲，不得随意走动。

7）不准在起重机吊物开行路线上行走和停留。

8）实习实训中如发生事故，应立即拉下电门或关上有关开关，并保护现场，报告实习实训指导技术人员（较大事故需报告负责人），查明原因，处理完毕后，方可再进行实习实训。

在工程实践训练过程中，要努力学习安全技术、操作规程，经常参加安全生产经验交流、事故分析活动和安全检查活动。要遵守操作规程和劳动纪律，不擅自离开工作岗位，不违章作业，不随便出入危险区域及要害部门。注意劳逸结合，正确使用劳动保护用品等。

1. 工程实践训练有什么作用？

2. 简述机器和机械的概念。

3. 机械设备维护保养有哪些要求？

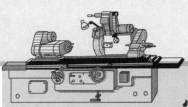

第1章

常用工量具使用的一般知识

1.1.1 普通及专用工具

1. 普通工具

1）螺钉旋具。螺钉旋具是用来拧动螺钉的工具，通常分为一字槽螺钉旋具和十字槽螺钉旋具。另外，还派生有弯头旋具和快速旋具。图1-1所示为螺钉旋具的示意图。

一字槽螺钉旋具用于拧紧或松开头部开有一字槽的螺钉，一般由旋具手柄和工作部分组成。工作部分用碳素工具钢制成，并经淬火处理。十字槽螺钉旋具用于拧紧或松开头部开有十字沟槽的螺钉，也由旋具手柄和工作部分组成。工作部分也是用碳素工具钢制成，并经淬火处理。

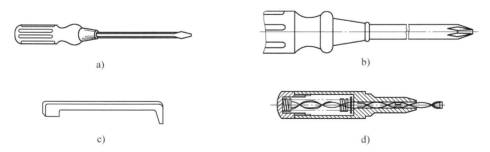

图1-1　螺钉旋具的示意图

a）一字槽螺钉旋具　b）十字槽螺钉旋具　c）弯头旋具　d）快速旋具

2）活扳手。活扳手是用来紧固或松开一般标准规格的螺母和螺柱的工具，它由固定扳唇、活动扳唇、蜗轮、销轴和手柄组成。它的开口尺寸能在一定的尺寸范围内任意调整，遇到尺寸不规则的螺母或螺柱时更能发挥作用，故应用较广泛。通常由碳素工具钢或铬钢制成，如图1-2所示。

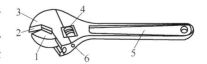

图1-2　活扳手的示意图

1—活动扳唇　2—扳口　3—固定扳唇
4—蜗轮　5—手柄　6—销轴

3）锤子。锤子俗称圆顶锤，其锤头一端（或两端）平面略有弧形，是基本工作面；另一端是球面，用来敲击凹凸形状的工件。锤头用 45 钢、50 钢锻造，两端工作面经热处理后，硬度一般为 50～57HRC。此外，还派生有弹性锤子，一般用铜或硬橡胶制成，主要用来敲击零部件的精密表面或受保护的表面。图 1-3 所示为锤子的示意图。

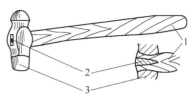

图 1-3　锤子的示意图
1—木柄　2—楔子　3—锤头

4）手钳。常用的手钳有钢丝钳、鲤鱼钳和尖嘴钳，如图 1-4 所示。钢丝钳主要用于夹持圆柱形零件，也可以代替扳手拧动小螺柱、小螺母，钳口后部的刃口可以剪切金属丝。鲤鱼钳的一片钳体上有两个互相贯通的孔，又有一个特殊的销子，操作时钳口的张开度可以很方便地变化，以适应夹持不同大小的零件。钳头的前部是平口细齿，适用于夹捏一般的小零件；中部凹口粗长，用于夹持圆柱形零件，也可以代替扳手拧动小螺柱、小螺母，钳口后部的刃口可以剪切金属丝。尖嘴钳的头部细长，能在较小的空间使用。刃口也能剪切细小的金属丝，但使用时不能用力太大，否则钳口头部会变形或断裂。

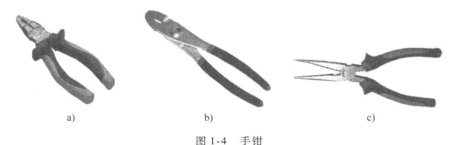

图 1-4　手钳
a）钢丝钳　b）鲤鱼钳　c）尖嘴钳

2. 专用工具

1）呆扳手（旧称开口扳手）。呆扳手按形状有双头扳手和单头扳手之分，主要用来紧固或松开一般标准规格的螺母和螺柱。它开口的中间平面和本体的中间平面成 15°、45°、90°角等，这样既能适应人手的操作方向，又可降低对操作空间的要求，以便在受到限制的部位中扳动，如图 1-5 所示。呆扳手通常是成套装备，有 8 件一套或 10 件一套，用 45 钢、50 钢锻造并经热处理而成。

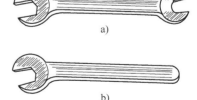

图 1-5　呆扳手
a）双头扳手　b）单头扳手

2）梅花扳手。梅花扳手也用来紧固或松开一般标准规格的螺母和螺柱，它的两端是环状的，环状的内孔由两个正六边形相互同心错转 30°而成。使用时，可将螺柱或螺母头部套住，扳动 30°后，即可换位再套，因而适用于在空间狭窄的情况下操作，如图 1-6 所示。梅花扳手通常是成套装备，有 8 件一套或 10 件一套，用 45 钢或 40Cr 钢锻造并经热处理而成。

3）套筒扳手。套筒扳手除了具有一般扳手的用途以外，特别适用于旋转部位很狭小或隐蔽较深处的六角螺母

图 1-6　梅花扳手

和六角螺柱的紧固或松开，其材料、环孔形状
与梅花扳手相同，如图1-7所示。套筒扳手主要
由套筒头、手柄、棘轮手柄、快速摇柄、接头
及接杆等组成，各种手柄适用于不同的场合。
由于套筒扳手的各种规格是组装成套的，使用
方便，效率很高。

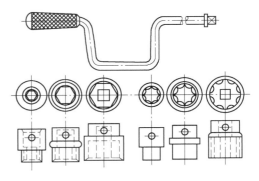

图1-7　套筒扳手

　　4）内六角扳手。内六角扳手是用来紧固或
松开一般标准规格的内六角圆柱头螺钉或螺塞
用的，其规格是以六角形对边尺寸 S 表示的，
如图1-8所示。

　　5）扭力扳手。扭力扳手是一种可以读出所施力矩大小的扳手，由扭力杆和套筒头组
成。凡是对螺母、螺柱有明确规定力矩的（如气缸盖、曲轴与连杆的螺柱、螺母等），都要
使用扭力扳手，其规格是以最大可测力矩来划分的，如图1-9所示。扭力扳手除用来控制螺
纹件的旋紧力矩外，还可以用来测量旋转件的起动转矩，以检查配合、装配情况。

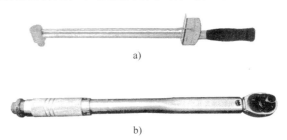

a)

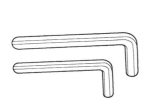

图1-8　内六角扳手

b)

图1-9　扭力扳手

a）指针式扭力扳手　b）预调式铰接扭力扳手

　　6）特殊用途扳手。图1-10所示为特殊用途扳手。圆螺母套筒扳手（见图1-10a）用于

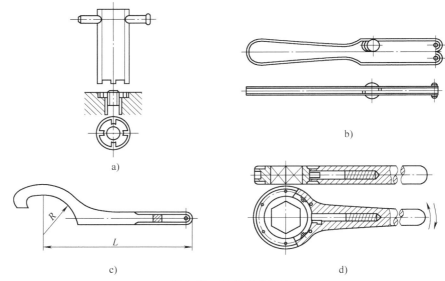

a)

b)

c)

d)

图1-10　特殊用途扳手

扳动埋入孔内的圆螺母，将圆螺母套筒扳手的端面齿插入圆螺母槽中，双手握住手柄旋转，同时向下用力，就可以将圆螺母拧紧或松开。钳形扳手（见图1-10b）也是用于扳动埋入孔内的圆螺母，将钳形扳手的叉销插入圆螺母槽或孔内，旋转钳形扳手即可拧紧或松开圆螺母。单头钩形扳手（见图1-10c）用于扳动在圆周方向上开有直槽或孔的圆螺母，将钩头钩在圆螺母的直槽或孔中，转动钩形扳手，即可将圆螺母拧紧或松开。棘轮扳手（见图1-10d）适用于狭窄位置的螺母或螺柱的拧紧或松开，正转是拧紧螺母或螺柱，反转是空程。若要拧松螺母或螺柱，必须将棘轮扳手翻转180°使用。

7）顶头。图1-11所示为顶头示意图。顶头（见图1-11a）主要用于顶拔轴端零件，如齿轮和滚动轴承。顶拔时，将顶头的钩头钩住被顶零件，同时转动螺杆顶住轴的端面中心，用力旋转螺杆的手柄，即可将零件缓慢拉出来（见图1-11b）。使用顶头时，应该使钩头尽量钩得牢固，以免打滑。顶拔时，应该使拧入的螺纹牙数尽量多。

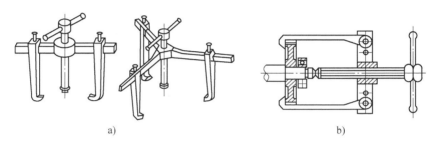

图1-11　顶头

8）弹性挡圈装拆用钳子。图1-12所示为弹性挡圈装拆用钳子的示意图。弹性挡圈装拆用钳子有轴用弹性挡圈装拆用钳子（见图1-12a）和孔用弹性挡圈装拆用钳子（见图1-12b），图中的Ⅰ型用于箱体内弹性挡圈的装拆，Ⅱ型用于箱体外弹性挡圈的装拆。

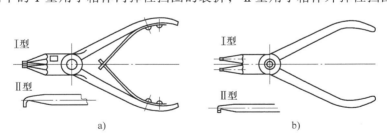

图1-12　弹性挡圈装拆用钳子

1.1.2　常用工具的使用方法

1. 螺钉旋具的使用

使用螺钉旋具时，右手握住螺钉旋具，手心抵住柄端，螺钉旋具与螺钉同轴心，压紧后用手腕扭转。松动后，用手心轻压螺钉旋具，用拇指、中指、食指快速扭转；使用长杆螺钉旋具时，可用左手协助压紧和拧动手柄，如图1-13所示。并且螺钉旋具的刃口应与螺钉槽口大小、宽窄、长短相适应，刃口不得残缺，以免损坏槽口和刃口。

使用螺钉旋具的注意事项：①不能够用锤敲击螺钉旋具的头部（见图1-14a）；②不可以将螺钉旋具当撬棍使用（见图1-14b）；③不可以在螺钉旋具刃口附近用扳手或钳子来增

加扭力（见图 1-14c）；④弯头旋具用于螺钉头部空间狭小的部位；⑤快速旋具用于快速装拆螺钉的场合。

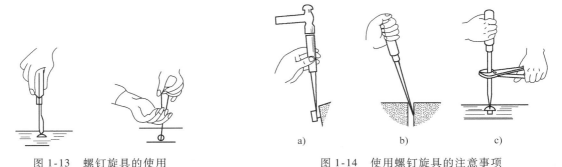

图 1-13　螺钉旋具的使用　　　　　　　图 1-14　使用螺钉旋具的注意事项

2. 活扳手的使用

活扳手可以通过旋转调节螺钉改变扳口大小，适用于尺寸不规则螺母或螺柱的松动或紧固。使用时转动蜗轮调节扳口大小，使其夹紧螺母或螺柱，再将扳手外拉后拧动。取下扳手时，前推扳手，向上取出。图 1-15 所示为正确使用活扳手的示意图。活扳手的手柄不能够用套管任意加长（见图 1-15a）；活扳手工作时，应该使活动扳唇承受推力，固定扳唇承受拉力，且用力要均匀（见图 1-15b）。

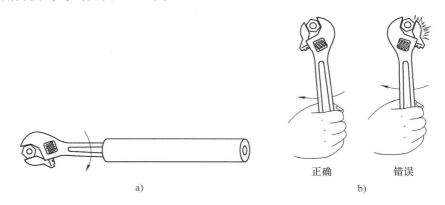

图 1-15　正确使用活扳手

3. 锤子的使用

图 1-16 所示为握锤方法的示意图。握锤有紧握法和松握法之分：紧握锤子时，右手五个手指紧握锤柄，大拇指合在食指上，虎口对准锤头方向（木柄椭圆的长轴方向），木柄尾端露出 15~30mm。在挥锤和锤击过程中，五指始终紧握，握力适度，眼睛注视工件（见图 1-16a）；使用松握法握锤时，大拇指和食指始终握紧锤柄。锤击时中指、无名指、小指在运锤的过程中依次握紧锤柄，挥锤时，按照相反的顺序放松手指（见图 1-16b）。锤子的手柄应安装牢固，用楔塞牢，防止锤头飞出伤人。锤击时，锤头应平整地击打在工件上，不得歪斜，防止破坏工件表面形状。

挥锤的方法有腕挥、肘挥和臂挥三种，如图 1-17 所示。腕挥就是仅用手腕的动作进行锤击运动，采用紧握法握锤，锤击力小，但准、快、省力（见图 1-17a）；肘挥是手腕与肘部一起挥动做锤击运动，采用松握法握锤，因挥动幅度较大，故锤击力也较大（见

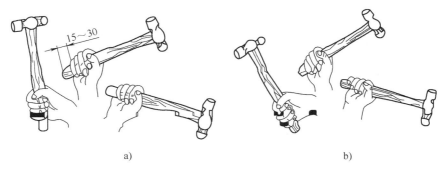

图 1-16　握锤方法
a）紧握法　b）松握法

图 1-17b）；臂挥是手臂挥锤，用手腕、肘和全臂一起挥动，也就是大臂和小臂一起运动，锤击力最大（见图 1-17c）。挥锤要求准、稳、狠。准就是命中率要高，稳就是速度节奏为 40 次/min，狠就是锤击要有力。其动作要一下一下有节奏地进行，一般在肘挥时约 40 次/min，腕挥时约 50 次/min。

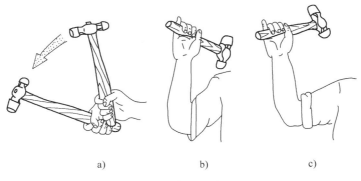

图 1-17　挥锤的方法
a）腕挥　b）肘挥　c）臂挥

4. 呆扳手的使用

所选用呆扳手的扳口尺寸，必须与螺柱或螺母的尺寸相符合，呆扳手的扳口过大容易滑脱，并损伤螺母或螺柱的六角边。为防止呆扳手损坏和滑脱，应该使拉力作用在扳唇较厚的一边，如图 1-18 所示。

5. 梅花扳手的使用

梅花扳手两端的环状内孔是双六角形的，可以很容易地套进六角形螺柱、螺母，很方便地在有限的凹进空间里或平面上紧固和松动六角形螺柱、螺母。同时，因为螺柱、螺母的六角形表面是被环状内孔包住的，故不可能损坏六角形螺柱角、螺母角，并且可以施加较大的力矩。

使用时，应该选用尺寸合适的梅花扳手，否则，极容易损坏梅花扳手和螺柱、螺母。同时，应该尽量使用拉力，如果空间限制无法拉动梅花扳手，可以用手推之。因为拧紧的螺柱、螺母可以通过施加冲击力轻松松开，但是不能够使用套管加长来增加力矩或用锤子敲击加长的套管增加力矩。图 1-19 所示为使用梅花扳手的示意图。

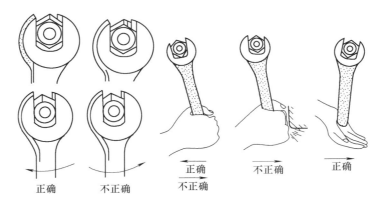

图 1-18　呆扳手的正确使用

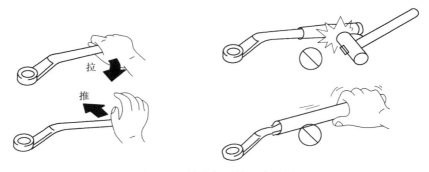

图 1-19　梅花扳手的正确使用

6. 棘轮扳手的使用

扳动棘轮扳手上的手柄，可以改变棘轮扳手的用力方向，往左转动可以拧紧螺柱、螺母，往右转动可以松开螺柱、螺母。因此螺柱、螺母可以不需要取下套筒头而往复操作，提高了工作效率。同时，棘轮扳手可以以较小的回转角锁住，可以在有限的空间中工作。但其内部的棘轮不能够承受较大的力，因此不要施加过大的力矩，否则可能损坏棘爪的结构，如图 1-20 所示。

7. 扭力扳手的使用

扭力扳手的使用方法，如图 1-21 所示。使用时，一手按住扭力扳手套筒头的一端，另

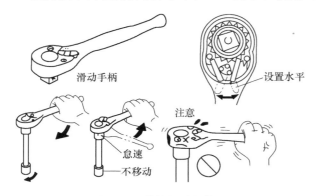

图 1-20　棘轮扳手的使用

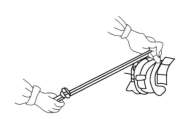

图 1-21　扭力扳手的使用

一只手平稳地拉动扭力扳手的手柄，并观察扭力扳手指针指示的力矩数值。切忌在过载的情况下使用扭力扳手，以免造成读数失准或扭力扳手的损坏。使用后，应该将扭力扳手平稳放置，避免重物撞压，造成扭力杆或指针变形而影响其测量精度，甚至损坏扭力扳手。

1.1.3　个人安全防护及设备安全

1. 个人安全

1）眼睛的防护。在工厂车间工作时，眼睛经常会受到各种伤害，如飞来的物体、腐蚀性的化学飞溅物、有毒的气体或烟雾等，但这些伤害几乎都是可以防护的。

常见的保护眼睛的装备是护目镜和面罩。护目镜可以防护对眼睛的各种伤害，如飞来物体或飞溅的液体。在进行金属切削加工、使用錾子或冲子铲剔、使用压缩空气、使用清洗剂时，应考虑佩戴护目镜和面罩，不仅能够保护眼睛，还能够保护整个面部。如果进行电弧焊或气焊，要使用带有色镜片的护目镜或带深色镜片的特殊面罩，以防止有害光线或过强的光线伤害眼睛。值得注意的是，在摘下护目镜或面罩时，要闭上眼睛，防止粘在护目镜或面罩外的金属颗粒掉进眼睛里。

2）听觉的保护。工厂车间是个噪声很大的场所，各种设备如冲击扳手、空气压缩机、砂轮机、发动机、机床等，工作时的噪声都很大。短时的高噪声会造成暂时性听力丧失，但持续的较低噪声则更有害。常见的听力保护装备有耳罩和耳塞，噪声极高时可以同时佩戴。在钣金车间，一般情况下必须佩戴耳罩或耳塞。

3）手的保护。手是身体经常受伤害的部位之一，保护手要从两方面着手：一是不要把手伸到危险区域，如发动机前部转动的传动带区域、发动机排气管道附近等；二是必要时应该戴上防护手套。不同的场合需用不同的防护手套，金属加工用劳保安全手套，接触化学品用橡胶手套。

4）衣服、头发及饰物。宽松的衣服、长袖子、领带都容易卷进旋转的机器中，所以在工厂车间里，首先一定要穿合体的工作服，最好是连体工作服，外套、工装裤也可以，这些工作服比平时衣着安全多了。如果戴领带，则要把它塞到衬衫里。长发很容易被卷入运转的机器中，所以长发一定要扎起来，并戴上帽子。

在工厂车间里要穿劳保鞋，可以保护脚面不被落下的重物砸伤，且劳保鞋的鞋底是防油、防滑的。工作时不要戴手表或其他饰物，特别是金属饰物，在进行电气维修时可能会导入电流而烧伤皮肤，或导致电路短路而损坏电子元器件或设备。

2. 工具和设备的安全使用

1）手动工具的安全使用。手动工具看起来是安全的，但使用不当也会导致事故，如用一字槽螺钉旋具代替撬棍，会导致旋具崩裂、损坏；飞溅物会打伤自己或他人；扳手从油腻的手中滑落，掉到旋转的零部件上，再飞出来伤人等。另外，使用带锐边的工具时，锐边不要对着自己和同事。传递工具时，要将手柄朝向对方。使用千斤顶支撑重物时，应当确保千斤顶支撑在较结实的部位。

2）动力工具的安全使用。所有的电气设备都要使用三相插座，地线要安全接地，电缆或装配松动的电器应该及时维护；所有旋转的设备都应该有安全罩，以免零部件飞出伤人。在进行电子系统维修时，应该断开电路的电源，方法是断开蓄电池的负极搭铁线，这不仅可以保护人身安全，还能防止对电器的损坏。

3）工具和设备都要定期检查和保养。

3. 压缩空气的安全使用

使用压缩空气时，应该非常小心。不要将压缩空气对着自己或别人，不要对着地面或设备、车辆乱吹。压缩空气会撕裂耳鼓膜，造成失聪；还会损伤肺部或伤及皮肤；被压缩空气吹起的尘土或金属颗粒会造成皮肤、眼睛的损伤。

1.2　常用量具的使用

1.2.1　常用量具

1. 金属直尺

金属直尺是一种最简单的测量长度而直接读数的量具，用薄钢板制成。常用它粗测工件的长度、宽度和厚度，如图1-22所示。

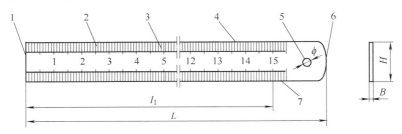

图1-22　金属直尺

1—端面　2—刻度面　3—刻线　4、7—侧面　5—悬挂孔　6—尾端圆弧

2. 游标卡尺

游标卡尺是一种较精密的量具，能较精确地测量工件的长度、宽度、深度及内外圆直径等尺寸。它由尺身、游标、外测量爪、刀口内测量爪、深度尺、紧固螺钉等组成，如图1-23所示。

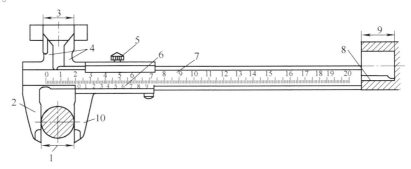

图1-23　游标卡尺

1—测量外表面　2、10—外测量爪　3—测量内表面　4—刀口内测量爪
5—紧固螺钉　6—游标　7—尺身　8—深度尺　9—测量深度

内、外径固定测量爪与尺身制成一体，而内、外径活动测量爪和深度尺与游标制成一体，并且可以在尺身上滑动。尺身上的刻度每格为1mm，游标上的刻度每格不足1mm。当

内、外测量爪合拢时，尺身与游标上的零线应该相重合；在内、外测量爪分开时，尺身与游标上的刻线相对错动。测量时，根据尺身与游标错动情况，即可以在尺身上读出以 mm 为单位的整数，在游标上读出以 mm 为单位的小数。为了使测量好的尺寸不致变动，可以拧紧紧固螺钉，使游标不再滑动。不同分度值的游标卡尺刻线原理和读数方法，见表1-1。

表 1-1　游标卡尺的刻线原理和读数方法

分度值/mm	刻线原理	读数方法及示例
0.1	尺身1格=1mm，游标1格=0.9mm，共10格，尺身、游标每格之差=(1.0-0.9)mm=0.1mm	读数=游标0刻线指示的尺身整数+游标与尺身重合线数×精度值 示例： 读数=(90+4×0.1)mm=90.4mm
0.05	尺身1格=1mm，游标1格=0.95mm，共20格，尺身、游标每格之差=(1.0-0.95)mm=0.05mm	读数=游标0刻线指示的尺身整数+游标与尺身重合线数×精度值 示例： 读数=(30+11×0.05)mm=30.55mm
0.02	尺身1格=1mm，游标1格=0.98mm，共50格，尺身、游标每格之差=(1.0-0.98)mm=0.02mm	读数=游标0刻线指示的尺身整数+游标与尺身重合线数×精度值 示例： 读数=(23+13×0.02)mm=23.26mm

3. 千分尺

千分尺旧称为螺旋测微器，是比游标卡尺更为精确的一种精密量具，测量的分度值可以达到 0.01mm，按其用途可分为外径千分尺、内径千分尺、深度千分尺和螺纹千分尺等。

1）外径千分尺的构造。图 1-24 所示是外径千分尺的结构图。外径千分尺是用来测量工件外部尺寸的，由尺架、测砧、测微螺杆、螺纹轴套、固定套管、微分筒、调节螺母、测力装置、锁紧装置、隔热装置等组成。

2）刻线原理。千分尺是利用螺旋副传动原理，借助测微螺杆与螺纹轴套的精密配合，将回转运动变为直线运动，以固定套管和微分筒（相当于游标卡尺的尺身和游标）所组成的读数机构读得被测工件的尺寸。

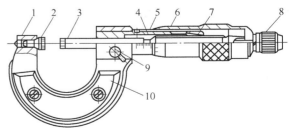

图 1-24　外径千分尺的结构

1—尺架　2—测砧　3—测微螺杆　4—螺纹轴套
5—固定套管　6—微分筒　7—调节螺母
8—测力装置　9—锁紧装置　10—隔热装置

固定套管外面有尺寸刻线，上、下刻线每一格为1mm，相邻刻线间的距离为0.5mm。测微螺杆后端有精密螺纹，螺距是0.5mm，当微分筒旋转一周时，测微螺杆和微分筒一同前进（或后退）0.5mm。同时，微分筒就遮住（或露出）固定套管上的一条刻线。在微分筒圆锥面上，一周等分成50条刻线，当微分筒旋转一格时，即一周的1/50，测微螺杆就移动0.01mm，故千分尺的分度值为0.01mm。

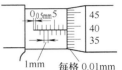

图 1-25　千分尺的刻度和读数示意图

3）读数方法。先读固定套管上的整数（mm）和半整数（0.5mm）；再看微分筒上第几条刻线与固定套管的基线对正，即有几个0.01mm；将两个读数相加就是被测量工件的尺寸读数。

图1-25所示是千分尺的刻度和读数示意图。在图中，固定套管上露出来的数值是7.50mm，微分筒上第39格线与固定套管上的基线正好对齐，即数值为0.39mm。这时，千分尺的正确读数应该为7.50mm + 0.39mm = 7.89mm。

4. 百分表

百分表是一种精度较高的齿轮传动式测微量具，如图1-26所示。它利用齿轮齿条传动机构将测杆的直线移动转变为指针的转动，由指针指出测量杆的移动距离。因百分表只有一个测头，所以它只能测出工件的相对数值。百分表主要用来测量机器零件的各种几何形状偏差和表面相互位置偏差（如平面度、垂直度、圆度和跳动量），也可以测量工件的长度尺寸，常用于工件的精密找正。

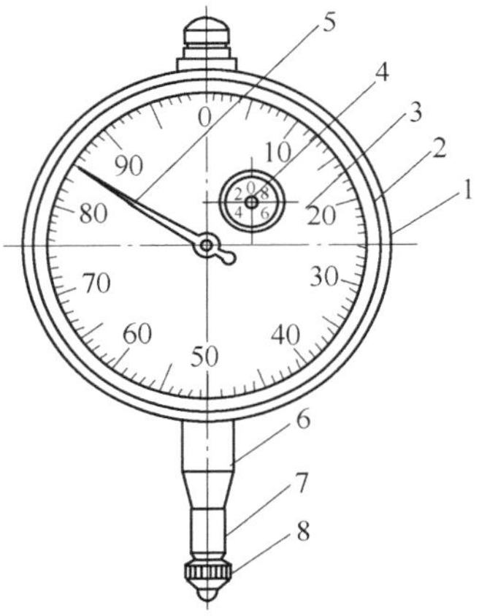

百分表的工作原理是将测量杆的直线位移，经过齿条与齿轮传动转变为指针的角位移。百分表的刻度盘圆周刻成100等份，其分度值为0.01mm，当主指针转动一周时，测量杆的位移量为1mm，当小指针转动一格时，测量杆的位移量为0.01mm，这时的读数为0.01mm。表圈2和表盘3是一体的，可以任意转动，以便使指针对零位。小指针用以指示大指针的回转圈数。

图 1-26　百分表

1—表体　2—表圈　3—表盘

4—小指针　5—主指针

6—装夹套　7—测量杆　8—测头

5. 内径百分表

内径百分表又称为量缸表，是一种借助于百分表为读数机构，配备杠杆传动系统或楔形传动系统的杆部组合而成的。内径百分表是用比较法来测量孔径及其几何偏差的，主要用来测量缸体零件的内孔尺寸精度和形状精度，也可以用来测量工件上孔的尺寸精度和形状精度。

图1-27所示是内径百分表的结构示意图。它配备的是杠杆传动系统，其上部是百分表，下部是量杆装置，上、下部有联动关系。测量时，被测孔的尺寸偏差借助活动测头的位移，通过杠杆和传动杆传递给百分表。因传动系统的传动比为1，因而测头所移动的距离与百分表的指示值相等。为了测量不同直径的缸体孔径，备有长短不同的固定量杆，并在各固定量杆上标有测量范围，以便于选用。

6. 塞尺

塞尺旧称为厚薄规或测隙规，一般是成套供应的，其外形如图1-28所示。塞尺由不同

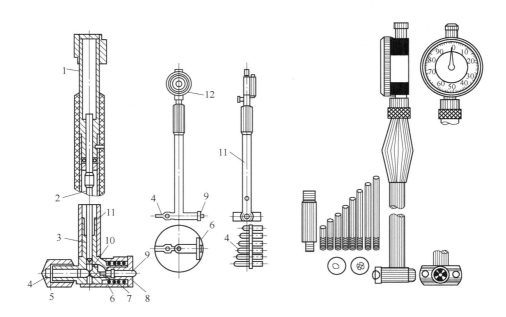

图 1-27 内径百分表的结构示意图

1—插口 2—活动杆 3—三通管 4—固定量杆 5、8—锁紧螺母 6—活动套

7—弹簧 9—活动量杆 10—杠杆 11—表管 12—百分表

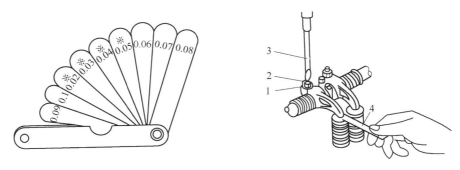

图 1-28 塞尺

1—锁紧螺母 2—调整螺柱 3—螺钉旋具 4—塞尺

厚度的金属薄片组成，每个薄片有两个相互平行的平面，并有较准确的厚度。塞尺的规格以长度和每组的片数来表示，每组的片数有 11~17 片等，其长度制成 50mm、100mm、200mm 和 300mm 等。

1.2.2 常用量具的使用方法

1. 游标卡尺的正确使用

测量前，应该将被测工件表面擦拭干净，并使游标卡尺测量爪保持清洁。合拢测量爪，检查尺身与游标的零线是否对齐。如未对齐，应该记下误差值，以便测量后修正读数。测量工件的内、外圆时，卡尺应该垂直于轴线；测量内圆时，还应该使两测量爪处于直径处。图 1-29 所示为使用游标卡尺时的几种错误方法。

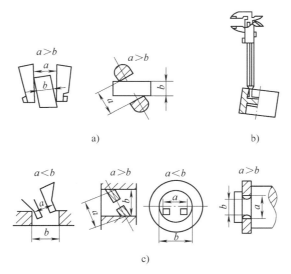

图 1-29 游标卡尺的错误使用方法

a）几种测量外径的错误方法 b）测量深度的错误方法 c）几种测量内径和沟槽的错误方法

测量工件外圆尺寸时，应该先使游标卡尺外测量爪间距略大于被测工件的尺寸，再使工件与尺身外测量爪贴合，然后使游标外测量爪与被测工件表面接触，并找出最小尺寸。测量时要注意外测量爪的两测量面与被测工件表面接触点的连线应该与被测工件表面相垂直。

测量工件内孔尺寸时，应该使游标卡尺内测量爪的间距略小于工件的被测孔径尺寸，然后将内测量爪沿孔中心线放入。先使尺身内测量爪与孔壁一边贴合，再使游标内测量爪与孔壁另一边接触，找出最大尺寸。同时，注意使内测量爪两测量面与被测工件内孔表面接触点的连线与被测工件内表面垂直。

使用游标卡尺的深度尺测量工件深度尺寸时，要使游标卡尺端面与被测工件的顶端平面贴合，同时保持深度尺与这个平面垂直。

2. 千分尺的正确使用

测量前，先将测量面擦拭干净，并检查零位。用测力装置使测量面接触或测量面与标准棒两端面接触，观察微分筒前端面与固定套管零线、微分筒零线与固定套管基线是否重合。如不重合，应该通过专用小扳手转动固定套管来进行调整。图 1-30 所示为千分尺零位调整方法的示意图。

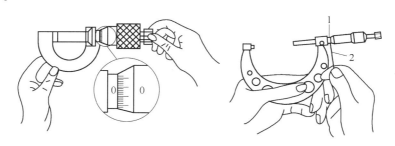

图 1-30 千分尺零位调整方法的示意图

1—固定套管 2—专用小扳手

测量时，左手拿尺架的隔热装置，右手旋转微分筒，使千分尺测微螺杆的轴线与工件的中心线垂直或平行，不得歪斜。先用手转动调节螺母，当测微螺杆的测量面接近工件时，改用测力装置的螺母转动，直至听到"咔咔"的响声，表示测微螺杆与工件接触力适当，应该停止转动，这时千分尺上的读数就是工件的尺寸。严禁拧动微分筒，以免用力过度，造成测量不准确。为防止一次测量不准确，可以旋松棘轮，进行多次复查，以求得测量读数的准确性。

读数要细心，必要时用紧定手柄将测微螺杆固定，从工件上取下千分尺读出测量的数值，要特别注意不要读错了 0.5mm。

3. 百分表架及百分表的使用

图 1-31 所示为百分表架及百分表的使用示意图。使用百分表测量工件时，必须将其固定在可靠的支架上，并要注意百分表与支架在表座上安装的稳定性，不应该有倾斜或摆动现象。百分表的装夹要牢固，夹紧力适当，不宜过大，以免装夹套筒变形，卡住测量杆。装夹后要检查测量杆是否灵活，并且不可再转动百分表。依被测零件表面的不同形状选用相应形状的测头，如用平测头测量球面零件，用球面测头测量圆柱形或平面零件，用尖测头或曲率半径很小的球面测头测量凹面或形状复杂的表面。

测量时，应该轻提测量杆，缓慢放下，使测量杆端部的测头抵在被测零件的测量面上，并要有一定的压缩量，以保持测头一定的压力，再转动刻度盘，使指针对准零位。同时，使被测量的零件按一定的要求移动或转动，从刻度盘指针的变化，直接观察被测零件的偏差尺寸，即可测量出零件的平整程度或平行度、垂直度或轴的弯曲度及轴颈磨损程度等。

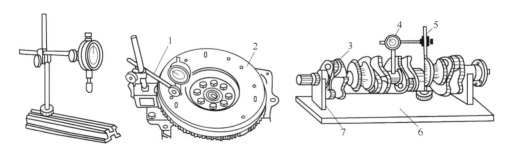

图 1-31　百分表架及百分表的使用示意图

1—固定支架　2—飞轮（工件）　3—曲轴　4—百分表　5—百分表支架　6—检验用平板　7—V形架

值得注意的是，测量时的测量杆与被测零件表面必须垂直，否则会产生测量误差。同时，不使测头移动距离过大，不准将零件强行推至测头下，也不准急速放下测量杆，使测头突然落到零件表面上，否则将造成测量误差，甚至损坏百分表。图 1-32 所示为使用百分表的示意图。

4. 内径百分表的正确使用

使用内径百分表测量缸体零件或一般零件的内孔尺寸时，先根据孔径尺寸选用合适的固定量杆，将内径百分表放入缸体零件或一般零件的孔内。如果表针能转动一圈左右，则为调整适宜，然后将量杆上的固定螺母锁紧。

测量孔径时，量杆必须与内孔轴线垂直，读数才能准确。为此，测量孔径时可以稍稍摆动内径百分表，如图 1-33 所示。当指针指示到最小数值（图中中间位置）时，即表明量杆已垂直于内孔轴线，记下该处的数值（大指针和小指针指示的数值都要记），然后用外径千

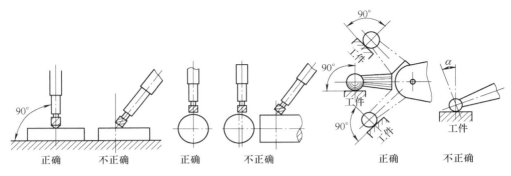

图 1-32　使用百分表的示意图

分尺测量这个位置的读数值，即为孔的直径值。

1.2.3　其他常用诊断仪器

随着社会的进步以及人们对机器的动力性、经济性、安全性、舒适性和环保性等方面的要求不断提高，机器技术日益向电子化、智能化方向发展，现代机器性能检测和故障诊断技术也随之不断更新，并已成为机器操作与维修人员必须和急需掌握的技术。

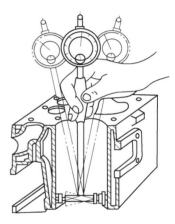

在机器的操作和维修过程中，除了本书所提到的常用机械测量工具外，还经常用到自诊断检查（检测）仪、机器综合检测仪、机器异响听诊器、进气系统真空表、气缸压力表、漏气率表、冷却液冰点检测仪、润滑油压力表、燃油压力检测仪、真空表等检测仪器，以及综合诊断故障仪等。

图 1-33　内径百分表的使用方法

1.3　钳工常用设备

钳工是使用各种手工工具以及一些简单设备，按技术要求对工件进行加工、修整、拆卸、装配的工种。钳工的工作范围很广，工作任务主要有划线、加工零件、拆卸、装配、设备维修、检修和创新技术。

1.3.1　钳台

图 1-34 所示为钳台（钳桌）及台虎钳的合适高度。钳台（钳桌）用来安装台虎钳，放置工具和工件等（见图 1-34a）。钳台高度为 800～900mm，装上台虎钳后，钳口高度恰好与肘齐平为宜，即肘放在台虎钳最高点半握拳，拳刚好抵下颚（见图 1-34b），长度和宽度随工作需要而定。

1.3.2　台虎钳

台虎钳是用来夹持工件的，如图 1-35 所示。台虎钳分为固定式台虎钳（见图 1-35a）和回转式台虎钳（见图 1-35b）两种结构类型，其规格以钳口的宽度表示，有 100mm、

125mm、150mm 等。

回转式台虎钳主要由活动钳身、固定钳身、丝杠、丝杠螺母、施力手柄、弹簧、挡圈、开口销、钢制钳口、螺钉、转座、锁紧手柄以及夹紧盘等组成。其工作原理是：活动钳身通过导轨与固定钳身的导轨孔做滑动配合，丝杠装在活动钳身上，可以旋转，但不能轴向移动，并与安装在固定钳身内的丝杠螺母配合。当摇动手柄时，可以使丝杠旋转，则带动活动钳身相对于固定钳身做轴向移动，起夹紧或松开工件的作用。弹簧借助

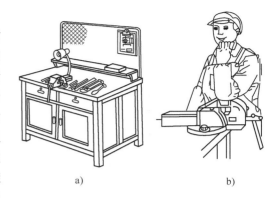

a)   b)

图 1-34　钳台（钳桌）及台虎钳的合适高度

挡圈和开口销固定在丝杠上，其作用是松开丝杠时，可以使活动钳身能及时退出。

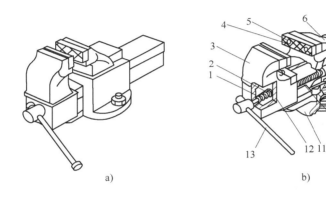

a)   b)

图 1-35　台虎钳

a）固定式台虎钳　b）回转式台虎钳

1—弹簧　2—挡圈　3—活动钳身　4—钢制钳口　5—螺钉　6—固定钳身　7—丝杠螺母
8—锁紧手柄　9—夹紧盘　10—丝杠　11—转座　12—开口销　13—施力手柄

在固定钳身和活动钳身上，各装有钢制钳口，并用螺钉固定，钳口的工作面上制有交叉的网纹，使工件夹紧后不容易产生滑动，钳口经过热处理淬硬，具有较好的耐磨性。固定钳身装在转座上，并能绕转座轴线转动，当转到要求的方向时，扳动手柄使夹紧螺钉旋紧，便可以在夹紧盘的作用下使固定钳身固定不动。转座上有三个螺柱孔，用以通过螺柱与钳台固定。

1.3.3　砂轮机

砂轮机用来刃磨刀具和工具，它由电动机、砂轮、机座、托架和防护罩组成，如图1-36所示。砂轮质地较脆，工作时转速很高，使用砂轮时应遵守安全操作规程，严防发生砂轮碎裂造成人身事故。因此，安装砂轮时一定要使砂轮保持平衡，安装好后必须先试转 3 ~ 4min，检查砂轮转动是否平稳，有无振动和其他不良现象。砂轮机起动后，应先观察运转情况，待转速正常后方可进行刀具和工具的刃磨。

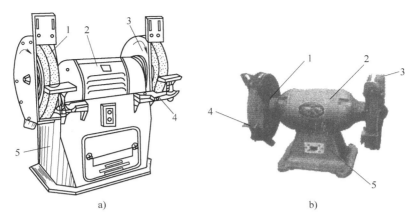

图 1-36　砂轮机

a）立式砂轮机　b）台式砂轮机

1—砂轮　2—电动机　3—防护罩　4—托架　5—机座

1.3.4　钻床

钻床是用来对工件进行孔加工的设备，有台式钻床、立式钻床和摇臂钻床等，如图 1-37所示。台式钻床简称"台钻"，钻孔直径一般在 1～12mm 范围内，由于加工孔径较小，所以台钻的主轴转速往往较高。台钻小巧灵活、使用方便，在仪表制造、钳工和装配中应用较多。

立式钻床简称"立钻"，动力由电动机经主轴变速箱传给主轴，带动钻头旋转。同时也把动力传给进给箱，使主轴在转动的同时能自动做轴向进给运动。利用手柄，也可以实现手动轴向进给。工件通过夹具安装在工作台上，进给箱和工作台可以沿立柱导轨上、下移动，以适应加工不同高度的工件。

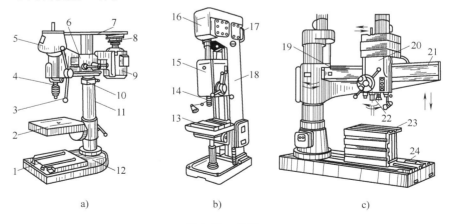

图 1-37　钻床

a）台式钻床　b）立式钻床　c）摇臂钻床

1、2、13、23—工作台　3—进给手柄　4、14、22—主轴　5—胶带罩　6—主轴架　7—三角胶带
8—多级三角带轮　9、17—电动机　10—保险环　11、18、19—立柱　12、24—底座
15—进给箱　16—主轴变速箱　20—主轴箱　21—摇臂

摇臂钻床的摇臂能绕立柱旋转并带着主轴箱沿立柱垂直移动，同时主轴箱可以在摇臂的水平导轨上移动。钻孔时，调整好刀具的位置，使其对准被加工孔的中心，而不需移动工件来进行加工。

1. 怎样使用游标卡尺？
2. 怎样使用千分尺？
3. 怎样使用百分表？

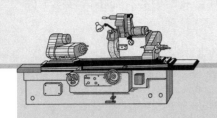

第2章

紧固件的使用及更换

2.1 ░░░░░░░░░░ **螺纹紧固件的拆卸**

螺纹紧固在机械设备中是最为广泛的紧固方式，它具有结构简单、调整方便和多次拆卸装配等优点。其拆卸虽然比较容易，但往往因重视不够、工具选用不当、拆卸方法不正确等而造成损坏。因此拆卸螺纹紧固件时，一定要注意选用合适的呆扳手或一字槽螺钉旋具，尽量不用活扳手。对于较难拆卸的螺纹紧固件，应先弄清楚螺纹的旋向，不要盲目乱拧或用过长的加力杆。拆卸双头螺柱要用专用的扳手。

2.1.1　断头螺钉的拆卸

断头螺钉有断头在机体表面及以下和断头露出机体表面外一部分等情况，根据不同的情况，可以选用不同的方法进行拆卸。

如果螺钉断在机体表面及以下，可以用以下方法进行拆卸。

1）在螺钉上钻孔，打入多角淬火钢杆，将螺钉拧出，如图2-1所示。注意打击力不可过大，以防损坏机体上的螺纹。

2）在螺钉中心钻孔，攻反向螺纹，拧入反向螺钉旋出，如图2-2所示。

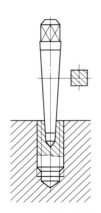

图2-1　多角淬火钢杆拆卸断头螺钉

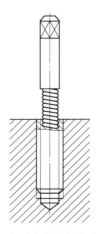

图2-2　攻反向螺纹拆卸断头螺钉

3）在螺钉上钻直径相当于螺纹小径的孔，再用同规格的螺纹刃具攻螺纹；或者钻相当于螺纹大径的孔，重新攻一比原螺纹直径大一级的螺纹，并选配相应的螺钉。

4）用电火花在螺钉上打出方形槽或扁形槽，再用相应的工具拧出螺钉。

如果螺钉的断头露在机体表面外一部分，可以用以下方法进行拆卸。

1）在螺钉的断头上用钢锯锯出沟槽，然后用一字槽螺钉旋具将其拧出；或者在断头上加工出扁头或方头，然后用扳手拧出。

2）在螺钉的断头上加焊一弯杆或者加焊一螺母，如图2-3所示。

3）断头螺钉较粗时，可以用扁錾子沿圆周剔出。

2.1.2　打滑内六角圆柱头螺钉的拆卸

内六角圆柱头螺钉用于固定紧固的场合较多，当内六角磨圆后会产生打滑现象而不容易拆卸，这时用一个孔径比螺钉头外径稍小一点的六角螺母，放在内六角圆柱头螺钉头上。然后将螺母与螺钉头焊接成一体，待冷却后用扳手拧六角螺母，就可以将螺钉迅速拧出，如图2-4所示。

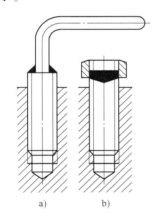

图2-3　露出机体表面外断头螺钉的拆卸
a）加焊弯杆　b）加焊螺母

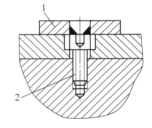

图2-4　拆卸打滑内六角圆柱头螺钉
1—六角螺母　2—螺钉

2.1.3　锈死螺纹件的拆卸

锈死螺纹件有螺钉、螺柱、螺母等，当其用于紧固或连接时，由于生锈而很不容易拆卸，这时可以采用以下方法进行拆卸。

1）用锤子敲击螺纹件的四周，以振松锈层，然后拧出。

2）可以先向拧紧方向稍拧动一点，再向反方向拧，如此反复拧紧和拧松，逐步拧出为止。

3）在螺纹件四周浇些煤油或松动剂，浸渗一定时间后，先轻轻锤击四周，使锈蚀面略微松动后，再行拧出。

4）若零件允许，还可以采用快速加热包容件的方法，使其膨胀，然后迅速拧出螺纹件。

5）采用车削、锯削、錾削、气割等方法，破坏螺纹件。

2.1.4　成组螺纹紧固件的拆卸

成组螺纹紧固件的拆卸，除按照单个螺纹件的方法拆卸外，还要做到以下几点：

1）首先将各螺纹件拧松1～2圈，然后按照一定的顺序，"先四周，后中间"按对角线方向逐一拆卸，以免力量集中到最后一个螺纹件上，造成难以拆卸或零部件的变形和损坏。

2）处于难拆部位的螺纹件，要先拆卸下来。

3）拆卸悬臂部件的环形螺柱组时，要特别注意安全。首先要仔细检查零部件是否垫稳，起重索是否捆牢，然后从下面开始按对称位置拧松螺柱或螺母进行拆卸。最上面的一个或两个螺柱，要在最后分解吊离时拆下，以防事故发生或零部件损坏。

4）注意仔细检查在外部不容易观察到的螺纹件，在确定整个成组螺纹件已经拆卸完后，方可将紧固件分离，以免造成零部件的损坏。

2.2　螺纹紧固件的使用及更换

2.2.1　螺柱和螺母

螺柱和螺母是最为常见的紧固零件，它将机械设备各部分上的零件紧固在一起。根据用途不同，有各种类型的螺柱和螺母。为了正确进行机械设备零部件的装配，了解螺柱和螺母的一般知识是很重要的。例如，螺纹的线数是指螺纹起始处槽口的数目，按螺旋线数目的多少，可将螺纹分为单线螺纹和多线螺纹，如图2-5所示。沿一条螺旋线形成的螺纹称为单线螺纹；两条以上螺旋线形成的螺纹称为多线螺纹。螺纹相邻两牙在中径线上对应点的轴向距离称为螺距，同一条螺旋线上的相邻两牙在中径线上对应两点间的轴向距离称为导程。单线螺纹的导程等于螺距（$P_h = P$）；双线螺纹的导程等于2倍螺距（$P_h = 2P$）；多线螺纹的导程等于螺距乘以线数，即$P_h = nP$（参见图2-5）。

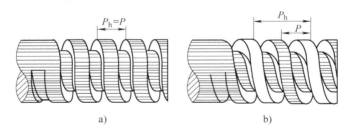

图2-5　螺纹线数、导程与螺距
a）单线螺纹　b）双线螺纹

1）螺柱。六角头螺柱是最常见的一种螺柱，由于螺柱头部和零件接触的部分面积很大，因此有些螺柱头部在底部加工有法兰盘，或安装一个垫圈，以减缓螺柱头部施加给零件的接触压力，减少损坏零件的可能性。有些螺柱在螺柱头部和垫圈之间加了一个弹簧垫片，可以防止螺柱松脱。此外，还有一种双头螺柱，一般用于将各零件定位，或使装配简化。

2）螺母。螺母旧称螺帽，有许多种类型，如图2-6所示。其中，六角形螺母是最常见和使用最多的一种螺母（有一些螺母的底部加工有法兰盘）；盖螺母是顶部有盖子盖住螺纹，通常用来防止螺柱端部生锈或为了美观；槽顶螺母是螺母的顶部加工有多个槽，用于锁紧后在槽中插入开口销，为防止螺母转动而松动；自锁螺母是螺母的顶部设计成卷边，或填充树脂，锁紧后能够防松，故称为自锁螺母。

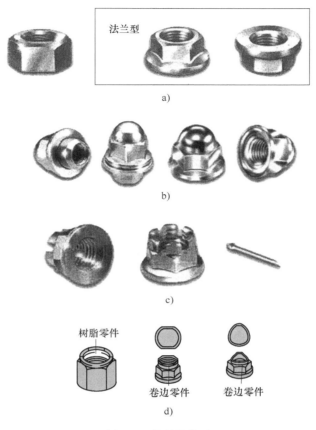

图 2-6　螺母的类型

a）六角形螺母　b）盖螺母　c）槽顶螺母　d）自锁螺母

3）垫圈。根据锁定方式，通常将垫圈分为两种类型：一类是弹簧垫圈，垫圈的弹力可以将螺柱或螺母松脱的可能性降到最低；另一类是牙嵌（式）垫圈，垫圈的一侧有一个齿面，可以提供摩擦力，将螺柱或螺母松脱的可能性降到最低。

4）开口销和锁紧板。开口销和槽顶螺母配合使用可以实现锁紧功能，在使用过程中开口销的大小要与槽顶螺母凹槽相一致，使用过的开口销不能够再次使用。

锁紧板的舌片顶着螺柱或螺母安装，以防止紧固件松动，如图 2-7 所示。锁紧板拆卸后，不能够再次使用。

2.2.2　塑性域螺柱

所谓"塑性域螺柱"，就是将螺柱按规定的初力矩拧紧之后，将螺柱再扭转过一个规定的角度，使螺柱变形超出弹性区域范围，然后在塑性域紧固，从而降低螺柱旋转角的不均匀性所造成的轴向拉力的不均匀性，并增加螺柱稳定的轴向张力，如图 2-8 所示。塑性域螺柱在一些机械设备上用作气缸盖和轴承盖的锁紧，为了与普通螺柱区分开来，其螺柱头内部和外部都制成 12 边形。

1）塑性域螺柱的拧紧方法。拧紧塑性域螺柱的方法不同于拧紧普通螺柱，其拧紧方法

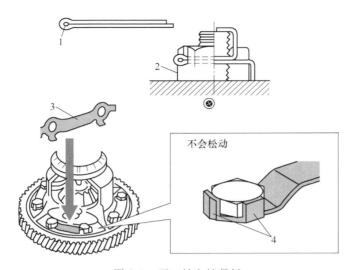

图 2-7　开口销和锁紧板

1—开口销　2—槽顶螺母　3—锁紧板　4—舌片

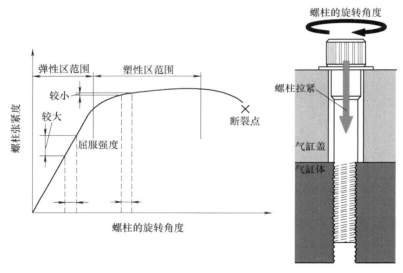

图 2-8　塑性域螺柱

如图 2-9 所示：一是用规定的力矩拧紧塑性域螺柱（见图 2-9a）；二是用记号笔在螺柱顶上做好标记（见图 2-9b）；三是按照修理手册中的指示，再按规定的角度（如 90°或 45°）拧紧 1 次或 2 次（见图 2-9c、d）。

　　2）判断塑性域螺柱能否重新使用。由于塑性域螺柱每次拧紧都产生一定的塑性变形，因此在使用被拆卸的塑性域螺柱时，应该先进行测量检查，以判定是否可以重复使用。判断塑性域螺柱是否可以重复使用的方法，如图 2-10 所示。

　　其一，测量螺柱的收缩。使用游标卡尺测量收缩量最大处的螺柱直径，并与维修手册中的极限值对比。如果螺柱直径小于极限值，必须更换螺柱。

　　其二，测量螺柱的伸长。使用游标卡尺测量螺柱的长度，如果测量值超过维修手册中规定的螺柱最大长度极限值，必须更换螺柱。

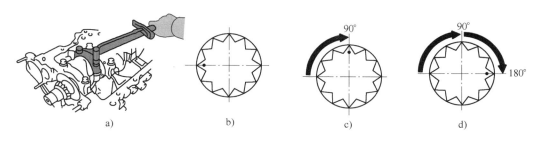

图 2-9 塑性域螺柱的拧紧

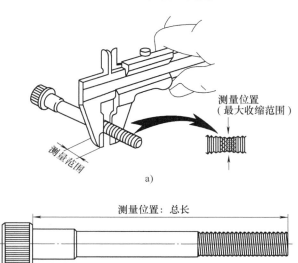

图 2-10 塑性域螺柱的测量

a) 测量螺柱的收缩量 b) 测量螺柱的伸长量

2.2.3 普通螺纹紧固和特殊螺纹紧固

螺纹紧固分普通螺纹紧固和特殊螺纹紧固。普通螺纹紧固的基本类型有螺柱紧固、双头螺柱紧固和螺钉紧固，见表2-1；除此以外的螺纹紧固称为特殊螺纹紧固，如图2-11所示的圆螺母紧固。

2.2.4 螺纹紧固安装时应注意的问题

1）为便于拆装和防止螺纹锈死，紧固的螺纹部分应该加润滑油或润滑脂，不锈钢螺纹的紧固部分应该加润滑剂。

2）螺纹紧固中，螺母必须全部拧入螺柱的螺纹中，并且螺柱应该长于螺母外端面2~5个螺距。

3）被紧固件应该均匀受压，互相紧密贴合，紧固牢固。成组螺钉或螺柱、螺母拧紧时，应该根据被紧固件形状和螺钉或螺柱、螺母的分布情况，分2~3次按一定顺序进行操作，以防止受力不均匀或工件变形，如图2-12所示。

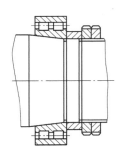

图 2-11 圆螺母紧固

表 2-1　普通螺纹紧固的基本类型及其应用

类　型	螺柱紧固	双头螺柱紧固	螺钉紧固
结　构			
特点及应用	不需要在紧固件上加工螺纹,紧固件不受材料的限制。主要用于紧固件不太厚,并能从两边进行装配的场合	拆卸时,只需要旋下螺母,螺柱仍然留在机体螺纹孔内,故机体螺纹孔不易损坏。主要用于紧固件较厚而又需经常装拆的场合	主要用于紧固件较厚,或结构上受到限制不能采用螺柱紧固,且不需经常装拆的场合。如经常拆装,很容易使螺纹孔损坏

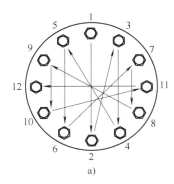
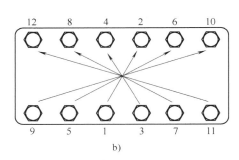

图 2-12　拧紧成组螺母的顺序

a) 周向对称分布　b) 长形分布

2.2.5　螺纹紧固的防松方法

螺纹紧固中应该考虑其防松问题,如果螺纹紧固一旦出现松脱,轻者会影响发动机的正常运转,重者会造成严重的事故。因此,装配后只有采取有效的防松措施,才能防止螺纹紧固的松脱,保证螺纹紧固的安全可靠。

螺纹紧固的防松方法,按照其工作原理可以分为摩擦防松、机械防松、铆冲防松等。粘合防松方法得到了很大的发展,它是在旋合的螺纹间涂以液体密封胶,硬化后使螺纹副紧密粘合。这种防松方法,效果良好且具有密封作用。此外,还有一些特殊的防松方法适用于某些专业产品的紧固需要(需用时,可参考有关资料)。螺纹紧固常用的防松方法,见表 2-2。

表 2-2　螺纹紧固常用的防松方法

防松方法		结　构　形　式	特点和应用
摩擦防松	对顶螺母		两螺母对顶拧紧后,使旋合螺纹间始终受到附加的压力和摩擦力的作用。工作载荷有变动时,该摩擦力仍然存在,旋合螺纹间的接触情况如图所示。下螺母螺纹牙受力较小,其高度可小些,但为了防止装错,两螺母的高度制成相等为宜 结构简单,适用于平稳、低速和重载的紧固

（续）

防松方法		结 构 形 式	特点和应用
摩擦防松	弹簧垫圈		螺母拧紧后,靠垫圈压平而产生的弹性反力使旋合螺纹间压紧。同时,垫圈斜口的尖端抵住螺母与被紧固件的支承面也有防松作用 　　结构简单,防松方便。但由于垫圈的弹力不均匀,在冲击、振动的工作条件下,其防松效果较差。一般用于不很重要的紧固
	自锁螺母		螺母一端制成非圆形收口或开缝后径向收口。当螺母拧紧后,收口胀开,利用收口的弹力使旋合螺纹间压紧 　　结构简单,防松可靠,可以多次装拆而不降低防松性能。适用于较重要的紧固
机械防松	开口销与槽顶螺母		槽顶螺母拧紧后,将开口销穿入螺柱局部小孔和螺母的槽内,并将开口销尾部掰开与螺母侧面贴紧。也可以用普通螺母代替槽顶螺母,但需要拧紧螺母后,再配钻孔 　　适用于较大冲击、振动的高速机械间的紧固
	止动垫圈		螺母拧紧后,将单耳或双耳止动垫圈分别向螺母和被紧固件的侧面折弯贴紧,即可以将螺母锁住。若两个螺柱需要双联锁紧时,可以采用双联止动垫圈,使两个螺母相互制动 　　结构简单,使用方便,防松可靠
	串联钢丝	a)　　b)	用低碳钢丝穿入各螺钉头部的孔内,将各螺钉串联起来,使其相互制动。使用时,必须注意钢丝的穿入方向(b图正确,a图错误) 　　适用于螺钉组紧固,防松可靠,但装拆不方便

（续）

防松方法		结 构 形 式	特点和应用
铆冲防松	端铆	1~1.5	螺母拧紧后,把螺柱末端伸出部分铆死。防松可靠,但拆卸后紧固件不能重复使用。适用于不需要拆卸的特殊紧固
	冲点	冲头	螺母拧紧后,利用冲头在螺柱末端与螺母的旋合缝处打冲,利用冲点防松。防松可靠,但拆卸后紧固件不能重复使用。适用于不需要拆卸的特殊紧固

2.3　　轴毂连接的使用及更换

　　轴与轴上转动或摆动零件（齿轮、带轮等）的轮毂之间的连接，称为轴毂连接。其作用主要是用作周向固定或轴向移动的导向装置，以便传递转矩。

2.3.1　键连接

　　键是标准件，通常用来实现轴与轴上零件的周向固定并传递转矩，其中有些类型的键还可以实现轴上零件的轴向固定或轴向滑动。根据键的结构形式不同，键连接可以分为平键连接、半圆键连接、楔键连接和切向键连接等几类；按键的结构特点和用途不同，可以分为松键连接（指靠键的侧面传递转矩而不承受轴向力的键连接）、紧键连接（除能传递转矩外，还可传递一定的轴向力的键连接）和花键连接三大类，见表2-3。

表2-3　键连接的基本类型及其用途

连接方法		结 构 形 式	特点和用途
松键连接	普通平键连接		普通平键用于静连接,即轴与轮毂间无相对轴向移动的连接。键的上、下面和两个侧面都互相平行,键的上表面与轮毂槽底之间留有间隙。工作时靠键与键槽侧面的挤压来传递转矩,故键的两个侧面是工作面 结构简单、工作可靠、拆卸方便、应用广泛以及对中性好,能保证轴上零件与轴有较高的同轴度,主要用于高速精密设备传动变速系统中。但不能承受轴向力,对轴上零件不能起到轴向固定的作用

（续）

连接方法		结 构 形 式	特点和用途
松键连接	半圆键连接		半圆键靠键的两个侧面传递转矩,故其工作面为两侧面。轴上的键槽用尺寸与半圆键相同的圆盘铣刀加工,因而键在键槽中能绕其几何中心摆动,以适应轮毂槽由于加工误差所造成的斜度 有较好的对中性,而且其加工工艺好,安装方便,尤其适用于锥形轴与轮毂的连接。但轴上键槽较深,对轴的强度削弱较大,故一般用于载荷较轻的连接或作为锥形轴轴端的辅助连接。当需要装两个半圆键时,两键槽应布置在轴的同一条素线上
	滑键连接		滑键用于动连接,当轮毂需在轴上沿轴向移动时,可采用滑键连接。滑键固定在轮毂上,轴上零件能带动滑键在轴上的键槽中做轴向滑移,适用于轴上零件在轴上移动距离较大的场合,以免使用长导向平键
	导向平键连接		导向平键用于动连接,当轮毂需在轴上沿轴向移动时,可采用导向平键连接。通常用螺钉将导向平键固定在轴上的键槽中,轮毂可沿着键表面做轴向滑动,如变速器中滑移齿轮与轴的连接 导向平键适用于轴向移动距离不大的场合。当被连接零件滑移的距离较大时,因所需导向平键的长度过大,制造困难,不宜采用导向平键
紧键连接	普通楔键连接		键的上、下表面是工作面,上表面和轮毂键槽的底面均有 1:100 的斜度。装配时需要键打入轴和轮毂的键槽内。工作时依靠键与轴、轮毂的槽底之间、轴与毂孔之间的摩擦力传递转矩,并能轴向固定零件和传递单向轴向力 多用于轴端的连接,以便于零件的装拆。但由于轴与毂孔容易产生偏心和偏斜,对中性较差,又由于是靠摩擦力工作,在冲击、振动或变载荷作用下键容易松动,因而仅用于对中性要求不高、载荷平稳和转速较低的场合
	钩头楔键连接		钩头楔键的特点和用途与普通楔键相同,但拆卸更方便

（续）

连接方法		结 构 形 式	特点和用途
紧键连接	切向键连接		切向键连接由一对具有斜度为1:100的普通楔键组成,装配时,两个键分别自轮毂两端楔入,使两键以其斜面互相贴合,共同楔紧在轴毂之间。切向键的工作面是上、下互相平行的窄面,其中一个窄面在通过轴线的平面内,使工作面上产生的挤紧力沿轴的切线方向作用,故能传递较大的转矩 单个切向键只能传递单向转矩,若传递双向转矩,则应装两个互成120°的切向键 切向键的承载能力大,但装配后轴和轮毂的对中性差,键槽对轴的强度削弱较大。因而,切向键连接适用于对中性要求不严、载荷很大、大直径轴的连接
花键连接	矩形花键连接		矩形花键的侧齿为直线,键数通常为偶数。采用小径定心方式,即外花键和内花键的小径 d 处为配合面 定心精度高,定心稳定性好,能用磨削的方法消除热处理引起的变形,应用广泛
	渐开线花键连接	a) $\alpha=30°$ b) $\alpha=45°$	渐开线花键的齿廓为渐开线,分度圆压力角有30°和45°两种。渐开线花键可以用制造齿轮的方法来加工,工艺性较好,制造精度较高,应力集中小,易于定心。压力角为45°的渐开线花键,承载能力较低,多用于载荷较轻、直径较小的静连接,特别是用于薄壁零件的轴毂连接 一般,花键连接多用于载荷较大、定心精度要求较高的连接,如汽车、飞机、机床等机器中

2.3.2 销连接

图 2-13 所示为销连接的示意图。销连接一般用来传递不大的载荷（见图 2-13a）或用

作安全装置（见图 2-13b），它的另一个作用是定位（见图 2-13c）。销按形状分为圆柱销、圆锥销和异形销三类，见表 2-4。

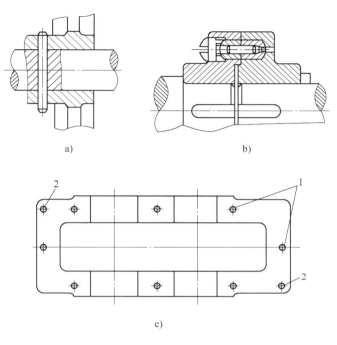

图 2-13　销连接

a）传载销钉　b）销钉安全连轴器　c）销定位

1—螺柱　2—销

表 2-4　销连接的基本类型及其用途

连接方法		结构形式	特点和用途
圆柱销连接	普通圆柱销		利用微量的过盈固定在铰光的销孔中,如果多次装拆,就会松动,失去定位的精确性和连接的紧固性
	弹性圆柱销		用弹簧钢带制成的纵向开缝的钢管,利用材料的弹性将销挤紧在销孔中,销孔无需铰光。这种销比实心销轻,并且可以多次拆装

（续）

连接方法		结构形式	特点和用途
圆锥销连接	普通圆锥销	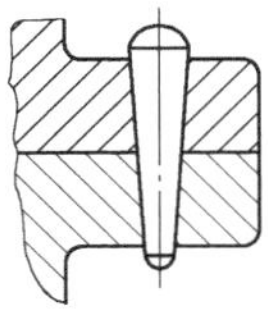	有 1:50 的锥度,受横向力时可自锁,靠锥面挤压作用固定在光孔中,可以多次装拆。普通圆锥销以小端直径作为公称直径
	螺纹圆锥销	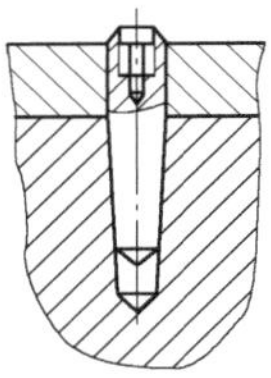 内螺纹圆锥销 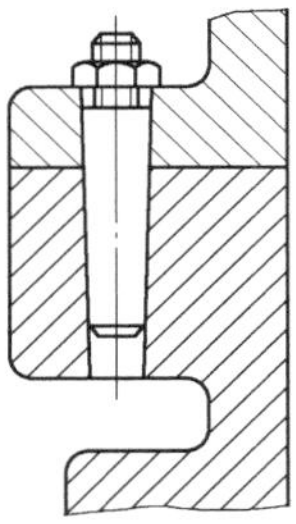　外螺纹圆锥销	内、外螺纹圆锥销,可用于销孔没有开通或拆卸困难的场合
	开口圆锥销	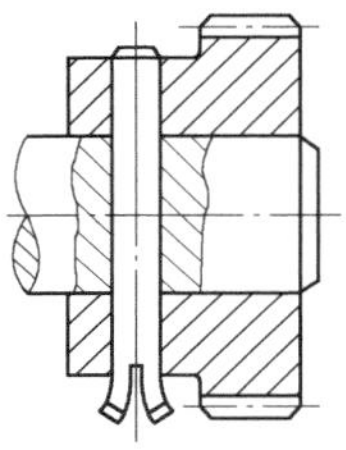	可以保证销在冲击、振动或变载荷下不致松脱
异形销连接	槽销	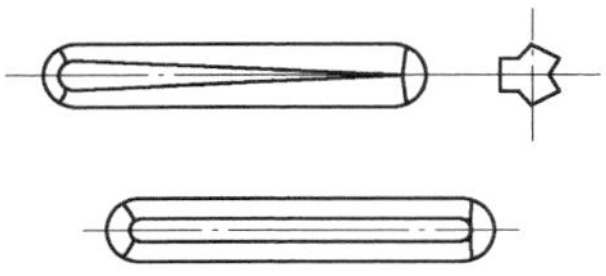	用弹簧钢滚压或模锻而成,有纵向凹槽。由于材料的弹性,销挤紧在销孔中,销孔无需铰光。槽销的制造比较简单,可多次装拆,多用于传递载荷
	开口销	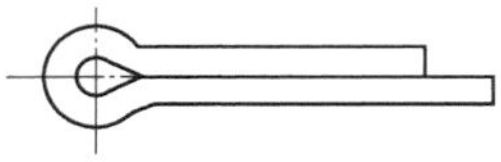	它是一种防松零件,与其他连接件配合使用,常用低碳钢丝制造
	销轴	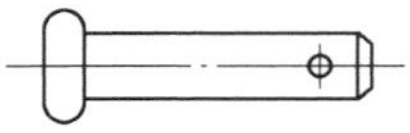	用于铰接处,用开口销锁定,拆卸方便

2.3.3 无键连接

凡是在轴毂连接中不用键、花键或销的连接，统称为无键连接。无键连接的形式有型面连接、过盈配合连接和胀紧连接。

1. 型面连接

型面连接是利用非圆剖面的轴与轮毂上相应的孔构成的连接，如图 2-14 所示。轴和毂孔可做成柱形或锥形，柱形可用于传递转矩，并用于无载荷下做轴向移动的动连接；锥形除用于传递转矩外，还能传递轴向力。型面连接没有应力集中的键槽和尖角，对中性好，承载

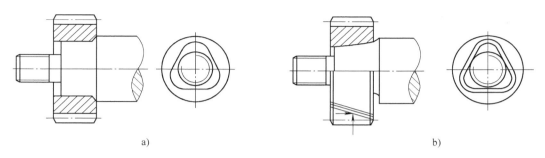

图 2-14　型面连接

a）柱形　b）锥形

能力高，装拆方便。但制造工艺复杂，目前应用仍不普遍。

2. 过盈配合连接

过盈配合连接是利用零件之间装配过盈形成的紧连接，如图 2-15 所示。工作时靠配合面上的摩擦力来传递载荷。载荷可以是转矩、轴向力，或是转矩和轴向力两者的组合，有时也可以是弯矩。过盈配合连接的结构简单、对中性好、对轴的强度削弱小，在冲击和振动载荷下工作可靠。但是装拆困难，对配合尺寸的精度要求高，因而多用于承受重载，特别是动载荷以及无需经常装拆的场合。

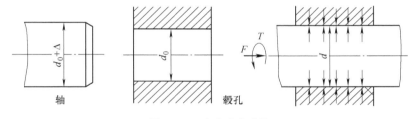

图 2-15　过盈配合连接

按配合面的形状不同，过盈配合连接可以分为圆柱面过盈配合连接和圆锥面过盈配合连接两种，如图 2-16 所示。圆柱面过盈配合连接的装配可以采用压入法或温差法。用压入法装配时，装配面不可避免地要产生擦伤，从而降低连接的紧固性，故压入法一般只适用于配合尺寸和过盈量都较小的连接。温差法是利用金属热胀冷缩的性质来实现连接的。用温差法装配，不会损伤零件的配合表面，故常用于要求配合精度高、配合尺寸和过盈量都较大的连接。

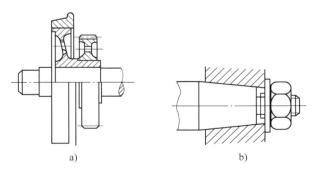

图 2-16　圆柱面、圆锥面过盈配合连接

a）圆柱面过盈配合连接　b）圆锥面过盈配合连接

圆锥面过盈配合连接是利用轴毂之间的轴向位移来实现的，主要用于轴端连接。圆锥面过盈配合连接可用液压压入法装配，如图2-17所示。装配时，用液压泵将高压油通过油孔和油沟压入连接的配合面间，使毂孔直径胀大，轴径缩小，同时施加一定的轴向力使之相互压紧，待零件压紧到预定的轴向位置时，放出高压油，从而形成过盈配合连接。拆卸时再压入高压油，轴毂即可分离。

图 2-17　液压装拆的圆锥面过盈配合连接

3. 胀紧连接

胀紧连接是在毂孔与轴之间装配一个或几个胀紧接套（由一对分别带有内、外锥面的套筒组成），在轴向力作用下，同时胀紧轴与毂的一种静连接。采用 Z1 型胀紧的胀紧连接，如图 2-18 所示。在毂孔和轴的对应光滑圆柱面之间，加装一个胀紧套或两个胀紧套。当拧紧螺母或螺钉时，在轴向力的作用下，内、外胀紧套互相楔紧。内胀紧套缩小而箍紧轴，外胀紧套胀大而撑紧毂，使接触面产生压紧力。工作时，利用这个压紧力所引起的摩擦力来传递转矩或轴向力。

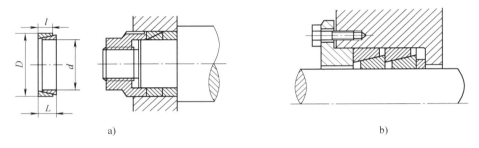

a)   b)

图 2-18　胀紧连接
a）一个胀紧套　b）两个胀紧套

1. 怎样正确拆卸失效螺纹紧固件？
2. 螺柱紧固的防松方法有哪些？怎么使用？
3. 轴毂连接的方法有哪些？怎么使用？

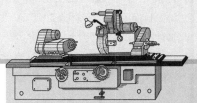

第3章

机械设备的拆卸和装配

3.1 机械设备拆卸中的相关工作

3.1.1 机械设备拆卸的一般规则和要求

任何机械设备都是由许多零部件组合成的。需要修理的机械设备，必须经过拆卸才能对失效的零部件进行修复或更换。如果拆卸不当，往往造成零部件损坏，设备精度降低，甚至导致无法修复。机械设备拆卸的目的是便于检查和修理机械零部件，拆卸工作约占整个修理工作量的20%。因此，为保证修理质量，在动手解体机械设备前，必须周密计划，对可能遇到的问题有所估计，做到有步骤地进行拆卸。

1. 拆卸前的准备工作

1）拆卸场地的选择与清理。拆卸前应选择好工作地点，不要选在有风沙、尘土的地方。工作场地应是避免闲杂人员频繁出入的地方，以防止造成意外的混乱。不要使泥土、油污等弄脏工作场地的地面。机械设备进入拆卸地点之前应进行外部清洗，以保证机械设备的拆卸不影响其精度。

2）保护措施。在清洗机械设备外部之前，应预先拆下或保护好电气设备，以免受潮损坏。对于容易氧化、锈蚀的零件，要及时采取相应的保护保养措施。

3）拆卸前放油。尽可能在拆卸前将机械设备中的润滑油趁热放出，以利于拆卸工作的顺利进行。

4）了解机械设备的结构、性能和工作原理。为避免拆卸工作中的盲目性，确保修理工作的正常进行。在拆卸前，应详细了解机械设备各方面的状况，熟悉机械设备各个部分的结构特点、传动方式，以及零部件的结构特点和相互间的配合关系，明确其用途和相互间的影响，以便合理安排拆卸步骤和选用适宜的拆卸工具或设施。

2. 拆卸的一般原则

1）根据机械设备的结构特点，选择合理的拆卸步骤。机械设备的拆卸顺序，一般是由整体拆成总成，由总成拆成部件，由部件拆成零件，或由附件到主机，由外部到内部。在拆卸比较复杂的部件时，必须熟读装配图，并详细分析部件的结构以及零件在部件中所起的作用，特别应注意那些装配精度要求高的零部件。这样，可以避免混乱，使拆卸有序，达到有利于清洗、检查和鉴定的目的，为修理工作打下良好的基础。

2）合理拆卸。在机械设备的修理拆卸中，应坚持"能不拆的就不拆，该拆的必须拆"的原则。若零部件可以不必经拆卸就符合要求，就不必拆开，这样不但可以减少拆卸工作量，而且还能延长零部件的使用寿命。例如，对于过盈配合的零部件，拆装次数过多会使过盈量消失而致使装配不紧固；对较精密的间隙配合件，拆后再装，很难恢复已磨合的配合关系，从而加速零件的磨损。但是，对于不拆开就难以判断其技术状态，而又可能产生故障的，或无法进行必要保养的零部件，则一定要拆开。

3）正确使用拆卸工具和设备。在弄清楚了拆卸机械设备零部件的步骤后，合理选择和正确使用相应的拆卸工具是很重要的。拆卸时，应尽量采用专用的或选用合适的工具和设备，避免乱敲乱打，以防零件损伤或变形。例如，拆卸轴套、滚动轴承、齿轮、带轮等，应该使用拔轮器、顶头或压力机；拆卸螺柱或螺母，应尽量采用对应尺寸的呆扳手。

3. 拆卸时的注意事项

在机械设备修理中，拆卸时还应考虑到修理后的装配工作，为此应注意以下事项：

1）对拆卸零件要做好核对工作或做好记号。机械设备中有许多配合的组件和零件，因为经过选配或重量平衡，所以装配的位置和方向均不允许改变。例如，汽车发动机中各缸的挺杆、推杆和摇臂，在运行中各配合副表面得到较好的磨合，不宜变更原有的匹配关系；还有多缸内燃机的活塞连杆组件，是按重量成组选配的，不能在拆装后互换。因此在拆卸时，有原记号的要核对。如果原记号已错乱或有不清晰者，则应按原样重新标记，以便安装时对号入位，避免发生错乱。

2）分类存放零件。对拆卸下来的零件存放应遵循如下原则：同一总成或同一部件的零件应尽量放在一起，根据零件的大小与精密度分别存放，不应互换的零件要分组存放，怕脏、怕碰的精密零部件应单独拆卸与存放，怕油的橡胶件不应与带油的零件一起存放，易丢失的零件，如垫圈、螺母要用钢丝串在一起或放在专门的容器里，各种螺柱应装上螺母存放。

3）保护拆卸零件的加工表面。在拆卸的过程中，一定不要损伤零件的加工表面，否则将给修复工作带来麻烦，并会因此而引起漏气、漏油、漏水等故障，也会导致机械设备的技术性能降低。

3.1.2 零件的清洗

对拆卸后的机械零件进行清洗是修理工作的重要环节。清洗方法和清理质量，对零件鉴定的准确性、设备的修复质量、修理成本和使用寿命等都将产生重要影响。零件的清洗包括清除油污、水垢、积炭、锈层、旧涂装层等。

1. 脱脂

清除零件上的油污，常采用清洗液，如有机溶剂、碱性溶液、化学清洗液等。清洗方法有擦洗、浸洗、喷洗、气相清洗及超声波清洗等。清洗方式有人工清洗和机械清洗。

一般情况下，在机械设备修理中常采用擦洗的方法清除零件上的油污。就是将零件放入装有煤油、轻柴油或化学清洗剂的容器中，用棉纱擦洗或用毛刷刷洗，以去除零件表面的油污。这种方法操作简便、设备简单，但效率低，用于单件小批生产的中小型零件及大型零件的工作表面的脱脂。一般不宜用汽油作为清洗剂，因其有溶脂性，会伤害身体且容易造成火灾。

喷洗是将具有一定压力和温度的清洗液喷射到零件的表面，以清除油污。这种方法清洗效果好、生产率高，但设备复杂，适用零件形状不太复杂、表面有较严重油垢的零件清洗。

清洗不同材质的零件和不同润滑材料产生的油污，应该采用不同的清洗剂。清洗动、植物油污，可以用碱性溶液，因为动、植物油污与碱性溶液起皂化作用，生成肥皂和甘油溶于水中。矿物油不溶于碱性溶液，清洗零件表面的矿物油油垢，需要加入乳化剂，使油脂形成乳浊液而脱离零件表面。为加速去除油垢的过程，可以采用加热、搅拌、压力喷洗、超声波清洗等措施。

碱性溶液对不同的金属有不同程度的腐蚀性，尤其对铝的腐蚀性较强。因此，清洗不同的金属零件应该采用不同的清洗液和不同的配方，清洗钢铁零件和铝合金零件的配方，分别见表 3-1 和表 3-2。

表 3-1　清洗钢铁零件的配方　　　　　　　　　　　　　　　（单位：kg）

成　　分	配方 1	配方 2	配方 3	配方 4
苛性钠	7.5	20	—	—
碳酸钠	50	—	5	—
磷酸钠	10	50	—	—
硅酸钠	—	30	2.5	—
软肥皂	1.5	—	5	3.6
磷酸三钠	—	—	1.25	9
磷酸氢二钠	—	—	1.25	—
偏硅酸钠	—	—	—	4.5
重铝酸钾	—	—	—	0.9
水（L）	1000	1000	1000	450

表 3-2　清洗铝合金零件的配方　　　　　　　　　　　　　　（单位：kg）

成　　分	配方 1	配方 2	配方 3
碳酸钠	1.0	0.4	1.5～2.0
重铝酸钠	0.05	—	0.05
硅酸钠	—	—	0.5～1.0
肥皂	—	—	0.2
水（L）	100	100	100

2. 除锈

零件表面的腐蚀物，如钢铁零件的表面锈蚀，在机械设备的拆装修理中，为保证修理质量，必须彻底清除。根据具体情况，目前主要采用机械、化学和电化学等方法进行清除。

1）机械法除锈。机械法除锈指利用机械摩擦、切削等作用清除零件表面锈层，常用刷、磨、抛光、喷砂等方法。单件小批生产或修理中，可以由人工打磨锈蚀表面；成批生产或有条件的场合，可以采用机器除锈，如电动磨光、抛光、滚光等。喷砂法除锈是利用压缩空气，把一定粒度的砂子通过喷枪喷在零件锈蚀的表面上，不仅除锈快，还可以为涂装、喷涂、电镀等工艺做好表面处理准备。经过喷砂处理的表面可以达到干净的、有一定的表面粗糙度，从而提高了覆盖层与零件表面的结合力。

2）化学法除锈。化学法除锈指利用一些酸性溶液溶解金属表面的氧化物，以达到除锈的目的。目前使用的化学溶液主要是硫酸、盐酸、磷酸或其混合溶液，加入少量的缓蚀剂。其工艺过程是：脱脂→水冲洗→除锈→水冲洗→中和→水冲洗→去氢。为保证除锈效果，一般都将溶液加热到一定的温度，严格控制时间，并要根据被除锈零件的材料，采用合适的配方。

3）电化学法除锈。电化学法除锈又称为电解腐蚀，这种方法可以节约化学药品，除锈效率高，除锈质量好，但消耗能量大且设备复杂。常用的方法有阳极腐蚀，就是把锈蚀件作为阳极，故称阳极腐蚀。还有阴极腐蚀，就是把锈蚀件作为阴极，用铅或铅锑合金作为阳极。阳极腐蚀的主要缺点是当电流密度过高时，溶液腐蚀过度，破坏零件表面，故适用于外形简单的零件。阴极腐蚀无过蚀问题，但氢容易浸入金属中，产生氢脆，降低零件的塑性。

3. 清除涂装层

清除零件表面的保护涂装层，可以根据涂装层的损坏程度和保护涂装层的要求，进行全部或部分清除。涂装层清除后，要冲洗干净，准备再喷刷新涂层。

清除方法一般是采用手工工具，如刮刀、砂纸、钢丝刷或手提式电动、风动工具进行刮、磨、刷等。有条件时可以采用化学方法，就是用各种配制好的有机溶液、碱性溶液退漆剂等。使用碱性溶液退漆剂时，涂刷在零件的漆层上，使之溶解软化，然后再用手工工具进行清除。

使用有机溶液退漆时，要特别注意安全。工作场地要通风、与火隔离，操作者要穿戴防护用具，工作结束后，要将手洗干净，以防中毒。使用碱性溶液退漆剂时，不要让铝制零件、皮革、橡胶、毡质零件接触，以免腐蚀零件。操作者要戴耐碱手套，避免皮肤接触受伤。

3.1.3 零件的检验

零件检验的内容分修前检验、修后检验和装配检验。修前检验在机械设备拆卸后进行，对已确定需要修复的零件，可根据零件损坏情况及生产条件，确定适当的修复工艺，并提出修理技术要求。对报废的零件，要提出需要补充的备件型号、规格和数量。没有备件的需要提供零件工作图或测绘草图。修后检验是指检验零件加工后或修理后的质量，是否达到了规定的技术标准，以确定是成品、废品还是返修品。装配检验是指检查待装零件（包括修复的和新的）的质量是否合格、能否满足装配的技术要求。在装配过程中，对每道工序或工步进行检验，以免装配过程中产生中间工序不合格，影响装配质量。组装后，检验累积误差是否超过装配的技术要求。机械设备总装后进行试运转，检验工作精度、几何精度以及其他性能，以检查修理质量是否合格，同时进行必要的调整工作。

1. 检验方法

机械设备在修理过程中的检验有如下一些方法：

1）目测。用眼睛或借放大镜对零件进行观察，对零件表面进行宏观检验，如检验裂纹、断裂、疲劳剥落、磨损、刮伤、蚀损等缺陷。

2）耳听。通过机械设备运转发出的声音、敲击零件发出的声音来判断其技术状态。

3）测量。用相应的测量工具和仪器对零件的尺寸、几何精度进行检测。

4）测定。使用专用仪器、设备对零件的力学性能进行测定，如对应力、强度、硬度等进行检验。

5）试验。对不便检查的部位，通过水压试验、无损检测等试验来确定其状态。图 3-1

所示为采用水压试验检验气缸体和气缸盖等零件裂纹的示意图。试验方法是：将气缸盖及气缸垫装在气缸体上，将水压机出水管接头与气缸体前端连接好，并封闭所有水道口，然后将水压入气缸体水套中。要求压力为 0.3 ~ 0.4MPa，保持 5min。如气缸体、气缸盖由里向外渗水珠，即表明该处有裂纹。

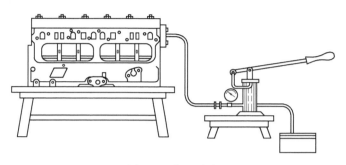

图 3-1　水压试验

6）分析。通过金相分析了解零件材料的微观组织；通过射线分析了解零件材料的晶体结构；通过化学分析了解零件材料的合金成分及其组成比例等。

2. 主要零件的检验

1）床身导轨的检查。机械设备的床身导轨是基础零件，最基本的要求是保持其形态完整。一般情况下，由于床身导轨本身断面大，不容易断裂，但由于铸铁件本身的缺陷（砂眼、气孔、缩松），加之受力大，切削过程中不断受到振动和冲击，床身导轨也可能破裂，因此应首先对裂纹进行检查。检查方法是，用锤子轻轻敲打床身导轨各非工作面，凭发出的声音进行鉴别。当有破哑声发出时，其部位可能有裂纹（微细的裂纹可以用煤油渗透法检查）。对导轨面上的凸凹、掉块或碰伤，均应查出，标注记号，以备修理。图 3-2 所示为车床床身导轨的截面图。在磨削过程中，应首先磨削导轨面 1、4，然后磨削压板导向面，再调整砂轮角度，磨削导轨 2、3、5、6 面。

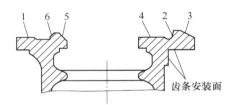

图 3-2　车床床身导轨的截面图

2）主轴的检查。主轴的损坏形式主要是轴颈磨损，外表拉伤，产生圆度误差、同轴度误差和弯曲变形，锥孔碰伤，键槽破裂，螺纹损坏等。常见的主轴各轴颈同轴度的检查方法如图 3-3 所示。主轴 1 放置于检验平板 6 上的两个 V 形架 5 上，主轴 1 的后端装入堵头 2，堵头 2 中心孔顶一钢球 3，紧靠支承板 4，在主轴各轴颈处用千分表测头与轴颈表面接触，转动主

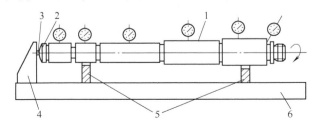

图 3-3　主轴各轴颈同轴度的检查

1—主轴　2—堵头　3—钢球　4—支承板　5—V 形架　6—检验平板

轴，千分表指针的摆动差即为同轴度误差。轴肩轴向圆跳动的误差，也可以从端面处的千分表读出。一般应将同轴度误差控制在 0.015mm 之内，轴向圆跳动误差应小于 0.01mm。

至于主轴锥孔中心线对其轴颈的径向圆跳动误差，可以在放置好的主轴锥孔内放入锥柄检验棒，然后将千分表测头分别触及锥柄检验棒靠近主轴端及相距 300mm 处的两点，回转主轴，观察千分表指针，即可以测得锥孔中心线对主轴轴颈的径向圆跳动误差。主轴的圆度误差可以用千分尺和圆度仪测量，其他损坏、碰伤情况可以目测看到。

3）齿轮的检查。齿轮工作一个时期后，由于齿面磨损，齿形误差增大，将影响齿轮的工作性能。因此，要求齿形完整，不允许有挤压变形、裂纹和断齿现象。齿厚的磨损量应控制在不大于 0.15 倍模数的范围内。另外，齿轮的内孔、键槽、花键及螺纹都必须符合标准要求，不允许有拉伤和破坏现象。

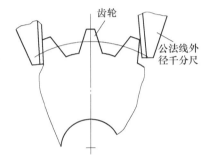

生产中常用专用齿厚卡尺来检查齿厚偏差，就是用齿厚减薄量来控制侧隙。还可以用公法线外径千分尺测量齿轮公法线长度的变动量来控制齿轮的运动准确性。这种方法简单易行，生产中常用。图 3-4 所示为齿轮公法线长度变动量的测量。

4）滚动轴承的检查。对于滚动轴承，应着重检查内圈、外圈滚道，整个工作表面应光滑，不应有裂纹、微孔、凹痕和脱皮等缺陷。滚动体的表面也应光滑，不应有裂纹、微孔和凹痕等缺陷。此外，保持器应完

图 3-4　齿轮公法线长度变动量的测量

整，铆钉应紧固。如果发现滚动轴承的内、外圈有间隙，不要轻易更换，可以通过预加载荷调整，消除因磨损而增大的间隙，提高其旋转精度。

3. 编制修换零件的明细表

根据零件检查的结果，可以编制、填写修换零件明细表。明细表一般可以分为修理零件明细栏、缺损零件明细栏、外购外协件明细栏、滚动轴承明细栏及标准件明细栏等。

3.2　卧式车床主轴箱的拆卸

3.2.1　主轴箱带传动装置的拆卸

图 3-5 所示为车床主轴箱中带传动装置的结构图。拆开带传动装置的防护罩盖，就看见两个带轮和一组 V 带，两个带轮中的其中一个与电动机相连接，装在传动轴上的另一个通过 V 带相连接。当拨动其中一个带轮，在 V 带的作用下能够带动另一个带轮旋转。我们知道，与电动机相连接的带轮是主动轮，而装在传动轴上的带轮是从动轮，其运动和动力由主动带轮通过 V 带传递给从动带轮。

用工具拆卸下 V 带和带轮，如图 3-6 所示。

图 3-5　车床主轴箱中带传动装置的结构图

V带的截面为等腰梯形，工作时带的两侧面是工作面，与带轮的环槽侧面接触，属于楔面摩擦传动（见图3-6a）。带轮3是用螺钉和圆柱销安装在花键套筒1的法兰盘上，花键套筒1与传动轴Ⅰ上的花键部分配合，并带动传动轴Ⅰ旋转。花键套筒1用两个深沟球轴承安装在固定于主轴箱体上的支承套（或称支承座）2上，于是带对带轮的拉力便作用到支承套2上，传动轴Ⅰ便不至于受拉力而产生弯曲变形，从而提高传动的平稳性，这种结构称为卸荷式带轮（见图3-6b）。

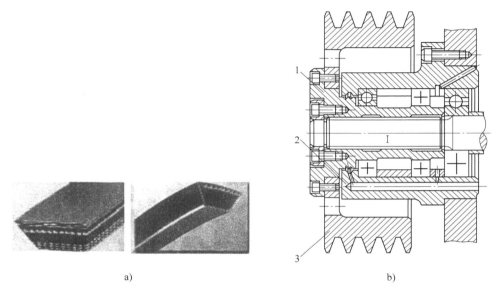

a)　　　　　　　　　　　　　　　　b)

图3-6　V带与带轮

a）V带　b）带轮

1—花键套筒　2—支承套　3—带轮

3.2.2　主轴箱齿轮传动装置的拆卸

图3-7所示为车床主轴箱中齿轮传动装置的结构图。将主轴箱盖拆去，可以看到先由电动机把动力传给带传动装置，再由带传动装置传给齿轮传动装置，通过齿轮轮系传动装置传递到主轴，最后带动工件旋转，完成工件的加工。同时，发现齿轮传动不仅能够输送机械能，改变转速，而且还可以改变转向。

1. 轴上定位零件的拆卸

在拆卸主轴箱中的轴类零件时，必须先了解轴的阶梯方向，然后决定拆卸轴时的移动方向，进而拆去两端轴盖和轴上的轴向定位零件，如紧固螺钉、圆螺母、弹簧垫圈、保险弹簧等零件。先要拆去装在轴上的齿轮、套等不能通过箱体孔或轴盖孔零件的轴向紧固零件，并注意轴上的键能随轴通过各孔，才能够用木锤击打轴端而拆下轴。否则，不仅拆不下轴，还会对轴造成损伤。

图3-8所示为传动轴组成装置的结构图。它由传动部分、支承部分和轴向定位部分组成。传动部分的主要作用是传递速度、功率和转矩，由传动轴、平键和齿轮构成，齿轮通过键与轴连接成一个整体；滚动轴承支承是传动装置的主要支承部件，是速度和功率平稳精确

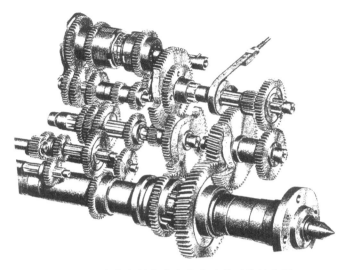

图 3-7　车床主轴箱中齿轮传动装置的结构图

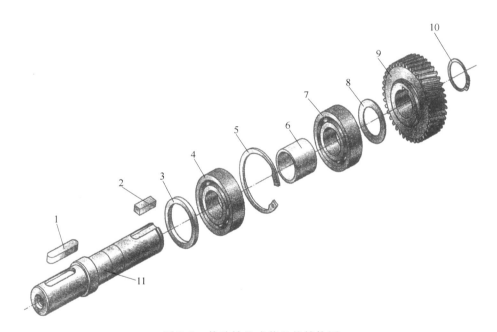

图 3-8　传动轴组成装置的结构图

1—圆头平键　2—方头平键　3、8—挡圈　4、7—滚动轴承　5、10—弹性挡圈　6—轴套　9—齿轮　11—传动轴

传递的重要保证；轴向定位部分主要是为了防止轴上的零件沿轴向窜动，以保证机械设备的运行平稳，如挡圈和轴套等零件。拆卸这些零件时，应该遵循拆卸的一般原则，结合其各自的特点，采用相应的拆卸方法来达到拆卸的目的。

2. 齿轮副的拆卸

为了提高传动链的精度，对传动比为"1"的齿轮副采用误差相消法装配，就是将一外齿轮的最大径向圆跳动处的齿间与另一个齿轮的最小径向圆跳动处的齿间相啮合。为避免拆卸后再装配时的误差不能相消除，拆卸时在两齿轮的相互啮合处做上记号，以便装配时恢复原精度，如图 3-9 所示。

3. 主轴部件的拆卸

有些高精度主轴部件在装配时，其左、右两组滚动轴承及
其挡圈、滚动轴承外环、轴等零件的相对位置是以误差相消法
来保证的。为了避免拆卸不当而降低装配精度，在拆卸时，滚
动轴承、挡圈、轴承座壳体及轴在圆周方向的相对位置上都应
该做上记号，拆卸下来的滚动轴承及内外挡圈各成一组，分别
存放，不能错乱。拆卸处的工作台及周围的场地必须保持清洁，
拆卸下来的零件放入油内以防生锈。装配时，仍需按原记号方
向装入。

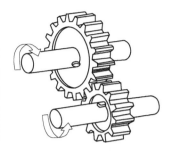

图 3-9　圆柱齿轮传动

图 3-10 所示为车床的主轴部件结构图。其主轴的直径随阶梯变化向左减小，拆卸主轴
的方向应向右。

1）先将端盖 7、后罩盖 1 与主轴箱间的连接螺钉松脱，拆卸端盖 7 及后罩盖 1。

2）松开锁紧螺钉 6 后，接着松开主轴上的圆螺母 8 及 2（由于推力轴承的关系，圆螺
母 8 只能松开到碰至垫圈 5 处）。

3）用相应尺寸的装拆钳，将轴向定位用的卡簧 4 撑开向左移出沟槽，并置于轴的外表
面上。

4）当主轴向右移动而完全没有零件障碍时，在主轴的尾部（左端）垫铜质或铝质等较
软金属质地的圆棒后，才可以用大木锤敲击主轴。边向右移动主轴，边向左移动相关零件，
当全部轴上零件松脱时，从主轴箱后端插入铁棒，使轴上零件落在铁棒上，以免落在主轴箱
内，然后从主轴箱前端抽出主轴。

5）轴承座 3 在松开其固定螺钉后，可垫铜棒向左敲出。

6）主轴上的前轴承垫了铜套后，向左敲击取下内圈，向右敲击取出外圈。

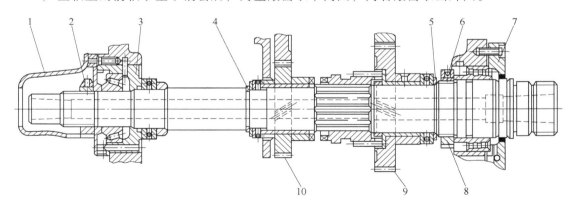

图 3-10　车床主轴部件

1—后罩盖　2、8—圆螺母　3—轴承座　4—卡簧　5—垫圈　6—螺钉　7—端盖　9、10—齿轮

3.2.3　过盈配合件的拆卸

拆卸过盈配合件，应视零件配合尺寸和过盈量的大小，选择合适的拆卸方法和工具、设
备，如拔轮器、压力机等，不允许使用铁锤直接敲击零部件，以防损坏零部件。在无专用工

具的情况下，可以用木锤、铜锤、塑料锤或垫以木棒（块）、铜棒（块）用铁锤敲击。无论使用何种方法拆卸，都要检查有无销钉、螺钉等附加固定或定位装置，若有应该先拆下；施力部位必须正确，以使零件受力均匀不歪斜，如对轴类零件，力应该作用在受力面的中心；要保证拆卸方向的正确性，特别是带台阶、有锥度的过盈配合件的拆卸。

滚动轴承的拆卸属于过盈配合件的拆卸范畴，它的使用范围较广泛，又有其拆卸特点，所以在拆卸时，除遵循过盈配合件的拆卸要点外，还要考虑到它自身的特殊性。

1）拆卸尺寸较大的滚动轴承或者其他过盈配合件时，为了使轴和滚动轴承免受损害，要利用加热来拆卸。图 3-11 所示为温差法拆卸滚动轴承的示意图。拆卸时，将靠近滚动轴承两旁的那一部分轴用石棉布包好，然后在轴上套上一个套圈隔热。再将拆卸工具的抓钩抓住滚动轴承的内圈，迅速将加热到 100℃ 的机油浇在滚动轴承的内圈上，使滚动轴承内圈受热膨胀，然后借助拆卸工具把滚动轴承从轴上拆卸下来。

2）齿轮的两端装有圆锥滚子轴承的外圈，如图 3-12 所示。如果用拔轮器不能拉出圆锥滚子轴承的外圈，可以同时使用干冰局部冷却圆锥滚子轴承的外圈，然后迅速从齿轮中拉出圆锥滚子轴承的外圈。

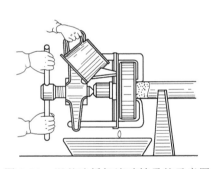

图 3-11　温差法拆卸滚动轴承的示意图

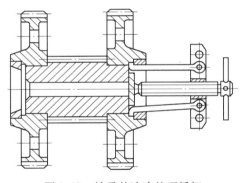

图 3-12　轴承的冰冷处理拆卸

3）拆卸滚动球轴承时，应该在轴承内圈上加力拆下。拆卸位于轴末端的轴承时，可以用小于轴承内径的铜棒、木棒或者软金属抵住轴端，球轴承下垫以垫块，再使用锤子敲击，如图 3-13 所示。

若用压力机拆卸位于轴末端的轴承，可以用图 3-14 所示的垫法将轴承压出。使用这种方法拆卸轴承的关键是必须使垫块同时抵住轴承的内、外圈，且着力点正确。否则，轴承将受损伤。垫块可以用两块等高的方铁或 U 形垫铁和两半圆形垫铁。

如果用拔轮器拆卸位于轴末端的轴承，必须使拔钩同时钩住轴承的内、外圈，且着力点也必须正确，如图 3-15 所示。

4）拆卸锥形滚珠轴承时，一般将内、外圈分别拆卸。图 3-16 所示为锥形滚珠轴承的拆卸示意图。将拔轮器胀套放入外圈底部，然后装入胀杆使胀套张开钩住外圈，再扳

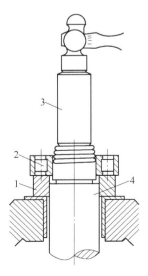

图 3-13　用锤子、铜棒拆卸轴承
1—垫块　2—轴承　3—铜棒　4—轴

动手柄，使胀套外移，就可以拉出外圈了（见图 3-16a）。使用内圈拉套拆卸内圈时，先将内圈拉套套在轴承内圈上，转动拉套，使其收拢后，下端凸缘压入内圈的沟槽，然后转动手柄，拉出内圈（见图 3-16b）。

5）如果因轴承内圈过紧或者锈死而无法拆卸，则应该破坏轴承内圈而保护轴，但操作时应该注意安全，如图 3-17 所示。

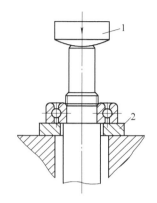

图 3-14　压力机拆卸轴承

1—压头　2—垫铁

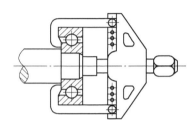

图 3-15　拔轮器拆卸轴承

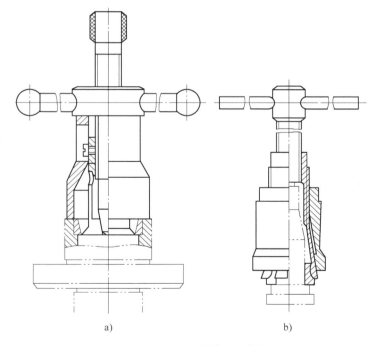

a)　　　　　　　　b)

图 3-16　锥形滚珠轴承的拆卸

a）拆卸外圈　b）拆卸内圈

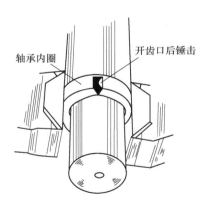

图 3-17　报废轴承的拆卸

3.2.4　不可拆紧固件的拆卸

不可拆紧固件有焊接件和铆接件等，焊接、铆接属于永久性紧固，在修理时通常不拆卸。如果要拆卸焊接件，可以用锯削，扁錾子切割，或用小钻头排钻孔后再锯或錾，也可以用氧乙炔焰气割等方法；铆接件的拆卸，可以采用錾子切割、锯削或气割的方法去掉铆钉头，也可以采用钻头钻掉铆钉等方法。操作时，应该注意不要损坏基体零件。图 3-18 所示为锯削和錾子切割的示意图。

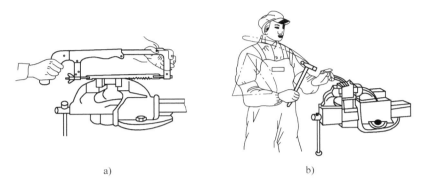

图 3-18　锯削和錾子切割

a）锯削　b）錾子切割

3.3.1　机械装配的一般工艺原则和要求

任何一部庞大复杂的机器都是由许多零件和部件组成的。按照规定的技术要求，将若干个零件组合成组件，将若干个组件和零件组合成部件，最后将所有的部件和零件组合成整台机器的过程，分别称为组装、部装和总装，统称为装配。

机械设备修理后的质量好坏，与装配质量的高低有密切的关系。机械设备修理后的装配工艺是一个复杂细致的工作，是按技术要求将零部件连接或固定起来的，使机械设备的各个零部件保持正确的相对位置和相对关系，以保证机械设备所应具有的各项性能指标。若装配工艺不当，即使有高质量的零件，机械设备的性能也很难达到要求，严重时还可能造成机械设备事故或人身事故。因此，修理后的装配必须根据机械设备的性能指标，严肃认真地按照技术规范进行。做好充分周密的准备工作，正确选择并熟悉和遵从装配工艺是机械设备修理装配的两个基本要求。

1. 装配的技术准备工作

1）研究和熟悉机械设备及各部件总成装配图和有关技术文件与技术资料。了解机械设备及零部件的结构特点，各零部件的作用，各零部件的相互连接关系及其连接方式。对于那些有配合要求、运动精度较高或有其他特殊技术条件的零部件，尤其应该予以重视。

2）根据零部件的结构特点和技术要求，确定合适的装配工艺、方法和程序，准备好必备的工具、量具、夹角和材料。

3）按清单清理检测各备装零件的尺寸精度与制造或修复质量，核查技术要求，凡有不合格者一律不得装配。对于螺柱、键及销等标准件稍有损伤者，应该予以更换，不得勉强留用。

4）零件装配前必须进行清洗。对于经过钻孔、铰削、镗削等机械加工的零件，要将金属屑末清除干净；润滑油道要用高压空气或高压油吹洗干净；相对运动的配合表面要保持洁净，以免因脏物或尘粒等杂质进入其间而加速配合件表面的磨损。

2. 装配的一般工艺原则

装配时的顺序应该与拆卸顺序相反。要根据零部件的结构特点，采用合适的工具或设备，严格仔细按顺序装配，装配时注意零部件之间的方位和配合精度要求。

1）对于过渡配合和过盈配合零件的装配，如滚动轴承的内、外圈等，必须采用相应的铜棒、铜套等专门工具和工艺措施进行手工装配，或按技术条件借助设备进行加温加压装配。如遇有装配困难的情况，应该先分析原因，排除故障，提出有效的改进方法，再继续装配，千万不可乱敲乱打，鲁莽行事。

2）对油封件必须使用检验棒压入；对配合表面要仔细检查和擦净，如有毛刺应该修整后方可装配；螺柱连接按规定的转矩值分多次均匀紧固；螺母紧固后，螺柱的露出螺牙不少于两个且应等高。

3）凡是摩擦表面，装配前均应涂上适量的润滑油，如轴颈、轴承、轴套、活塞、活塞销和缸壁等。各部件的密封垫（纸板、石棉、钢皮、软木垫等）应统一按规格制作。自行制作时，应细心加工，切勿让密封垫覆盖润滑油、水和空气的通道。机械设备中的各种密封管道和部件，装配后不得有渗漏现象。

4）过盈配合件装配时，应先涂润滑油脂，以利于装配和减少配合表面的初磨损。另外，装配时应根据零件拆卸下来时所做的各种安装记号进行装配，以防装配出错而影响装配进度。

5）对某些有装配技术要求的零部件，如装配间隙、过盈量、灵活度、啮合印痕等，应该边安装边检查，并随时进行调整，以避免装配后返工。

6）在装配前，要对有平衡要求的旋转零件按要求进行静平衡或动平衡试验，合格后才能装配。这是因为某些旋转零件如带轮、飞轮、风扇叶轮、磨床主轴等新配件或修理件，可能会由于金属组织密度不均匀、加工误差、本身形状不对称等原因，使零部件的重心与旋转轴线不重合，在高速旋转时，会因此而产生很大的离心力，引起机械设备的振动，加速零件磨损。

7）每一个部件装配完毕，都必须严格仔细地检查和清理，防止有遗漏或错装的零件，尤其是对要求固定安装的零部件。严防将工具、多余零件及杂物留存在箱体之中，确认无遗漏之后，再进行手动或低速试运行，以防机械设备运转时引起意外事故。

3. 机械设备的组成及零部件的连接方式

（1）机械设备的组成　按装配工艺划分，机械设备可分为零件、合件、组件及部件，在有关的标准文件中将合件、组件也都统称为部件。按其装配的从属关系分：将直接进入总装配的部件称为部件；进入部件装配的部件称为1级部件；进入1级部件装配的部件称为2级部件；2级以下的部件则称为分部件。它们之间的关系如图3-19所示。

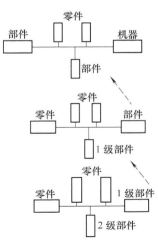

图3-19　机械设备的组成

（2）零部件之间的连接方式　零、部件之间的连接一般可以分为固定连接和活动连接两大类，每类连接又可分为可拆卸和不可拆卸两种。

1）固定连接能保证装配后零部件之间的相互位置关系不变。固定可拆卸连接在装配后，可以很容易拆卸而不致损坏任何零部件，拆卸后仍可以重新装配在一起。常用的有螺纹连接、销连接、键连接等结构形式。固定不可拆卸连接在装配后，一般不再拆卸，如果要拆卸，就会破坏其中的某些零部件。常用的有焊接、铆接、胶接、注射等工艺方法。

2）活动连接要求装配后零部件之间具有一定的相对运动关系。活动可拆卸连接，常见的有圆（棱）柱面、球面、螺旋副等结构形式。活动不可拆卸连接，可以用铆接、滚压等工艺方法实现，如滚动轴承、注油塞等的装配就属于这种类型的连接。

4. 装配精度

机械设备的质量是以其工作性能、使用效果、精度和寿命等指标综合评定的，它主要取决于结构设计的正确性（包括正确选材）、零件的加工质量（包括热处理）及其装配精度。装配精度一般包括三个方面：

1）各部件的相互位置精度。有距离精度（如卧式车床前后两顶尖对床身导轨的等高度）、同轴度、平行度、垂直度等。

2）各运动部件之间的相对运动精度。有直线运动精度、圆周运动精度、传动精度等。如在滚齿机上加工齿轮时，滚刀与工件的回转运动应该保持严格的速比关系。若传动链的某个环节（如传动齿轮、蜗杆副等）产生了运动误差，将会影响被切齿轮的加工精度。

3）配合表面之间的配合精度和接触质量。配合精度是指配合表面之间达到规定的配合间隙或过盈的接近程度，它直接影响配合的性质。接触质量是指配合表面之间接触面积的大小和分布情况，它主要影响相配零件之间接触变形的大小，从而影响配合性质的稳定性和寿命。

一般来说，机械设备的装配精度要求高，则零件的加工精度要求也高。但是，如果根据生产实际情况，制定出合理的装配工艺，也可以由加工精度较低的零件装配出装配精度较高的机械设备。反之，即使零件精度较高，而装配工艺不合理，也达不到较高的装配精度。因此，研究零件精度与装配精度的关系，对制定机械设备修理的装配工艺是非常必要的。

3.3.2　装配工艺过程及装配的作业组织形式

装配工艺过程一般由装配前的准备（包括装配前的检验、清洗等）、装配工作（部件装配和总装配）、校正（或调试）、检验（或试车）、油封及包装五个部分组成。

装配工艺通常是按工序和工步的顺序编制的。由一个工人或一组工人在一个工作地点或不更换设备的情况下，对几个或全部零部件连续进行的装配工作，叫作装配工序。用同一个工具，不改变工作方法连续完成的工序内容，叫作工步。在一个装配工序中，可以包括一个或几个装配工步。

装配的作业组织形式，可以分为固定式装配和移动式装配两种。

1. 固定式装配

一台机械设备或部件的装配工作全部固定在一个装配工作地点（或一个装配小组里）进行，所有的零件或部件都输送到这一装配工作地点（或这一装配小组里），这就是固定式装配。固定式装配比较便于管理，但装配周期长，需要工具和装备较多，对工人的技术水平要求也较高。它又分为集中装配和分散装配两种形式。

1）集中装配。由一个工人或一组工人在一个工作地点完成某一机械设备的全部装配工作。在单件和小批生产或机械设备修理中，常采用这种装配作业组织形式。

2）分散装配。将产品划分为若干个部件，由若干个工人或若干小组，以平行的作业组织形式装配这些部件，然后把装配好的部件和零件一起总装成产品。这种装配作业组织形式最适合于品种较多、批量较大的产品生产，也适合于较复杂的大型机械设备的装配。

2. 移动式装配

产品按一定的顺序，以一定的速度，从一个工作位置移动到另一个工作位置，在每一个工作位置上只完成一部分装配工作，这就是移动式装配。移动式装配适合于大批量生产单一产品的装配作业，如汽车制造的装配。它的特点是生产效率高，对工人技术水平的要求不高，质量容易保证，但工人的劳动较紧张。根据其对移动速度的限制程度，又分为自由移动装配和强制移动装配两种形式。

1）自由移动装配。对移动速度无严格限制的移动式装配，它适合于修配工作量较多的装配。

2）强制移动装配。对移动速度有严格限制的移动式装配，每一道工序完成的时间都有严格要求，否则整个装配将无法进行。它又分为间断移动装配和连续移动装配，间断移动装配的对象以一定周期间歇移动；连续移动装配的对象连续不停地移动。

3.3.3 主轴箱内零部件的装配

1. 键连接的装配

键是用来把轴和轴上的零件如带轮、联轴器、齿轮等进行周向固定，以便传递转矩的一种机械零件。按键的结构特点和用途不同，可以分为松键连接、紧键连接和花键连接三大类（参见表2-3）。

2. 滚动轴承的装配

滚动轴承是由内圈、外圈、滚动体和保持架组成的，是相对运动的轴和轴承座处于滚动摩擦的轴承部件，如图3-20所示。滚动轴承具有摩擦系数小、效率高、轴向尺寸小、装拆方便等优点，广泛地应用于各类机器中。滚动轴承是由专业厂大量生产的标准部件，它的内径、外径和轴向宽度在出厂时已确定，因此滚动轴承的内圈是基准孔，外圈是基准轴。

1）滚动轴承的装配方法应根据轴承的结构、尺寸大小及轴承部件的配合性质来确定。例如，滚动轴承的装配，由于轴承类型不同，轴承内、外圈的安装顺序也不同。对于不可分离轴承，应根据配合松紧程度来决定其安装顺序。深沟球轴承内、外圈的安装顺序见表3-3。

又例如，推力球轴承的装配，因为推力球轴承有松圈和紧圈之分，所以松圈的内孔比轴大，与轴能相对转动，应紧靠静止的机械零件；紧圈的内孔与轴应取较紧的配合，并装在轴上，如图3-21所示。

2）滚动轴承内、外圈的压入。当配合过盈量较小时，可以用铜棒、套筒手工敲击的方法压入，如图3-22

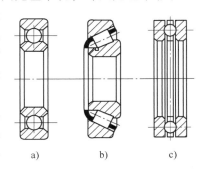

图3-20 滚动轴承

a）深沟球轴承 b）向心推力滚子轴承 c）推力球轴承

所示。当配合过盈量较大时，可以用压力机械压入，如图 3-23 所示；也可以采用温差法进行安装。

表 3-3　深沟球轴承内、外圈的安装顺序

配　合　性　质	安装顺序	示　意　图
内圈与轴配合较紧,外圈与座孔配合较松时	先装内圈	
外圈与座孔配合较紧,内圈与轴配合较松时	先装外圈	
外圈与座孔、内圈与轴配合均较紧时	内、外圈同时安装	

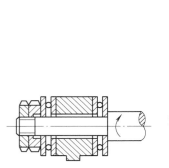

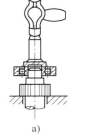

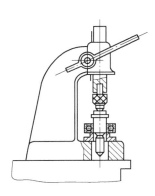

a)　　　　　　　　　b)

图 3-21　推力球轴承松圈与　　　图 3-22　用铜棒、套筒压入轴承　　　图 3-23　用压力机压入轴承
　　　　　紧圈的安装位置

　　3）滚动轴承安装时的间隙调整分为轴向间隙 c 的调整和径向间隙 e 的调整，如图 3-24 所示。滚动轴承的间隙，具有保证滚动体正常运转、润滑及热膨胀补偿的作用。但是滚动轴承的间隙不能太大，也不能太小。间隙太大，会使同时承受负荷的滚动体减少，单个滚动体负荷增大，降低轴承寿命和旋转精度，引起噪声和振动；间隙太小，容易发热，磨损加剧，同样影响轴承寿命。

　　滚动轴承间隙调整的方法，常用的有垫片调整法和螺钉调整法两种。图 3-25 所示为用垫片调整轴承间隙的方法。先将轴承端盖紧固螺钉缓慢拧紧，同时用手慢慢转动轴。当感觉到轴转动阻滞时停止拧紧螺钉，这时已无间隙，将端盖与壳体间距离用塞尺测量，则得到的间隙为 δ，垫片的厚度应等于 δ 再加上一个轴向间隙 c。

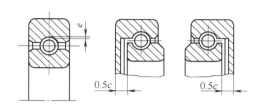

图 3-24 滚动轴承的间隙

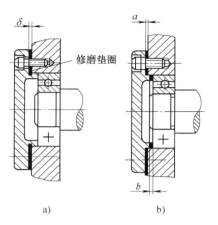

a) b)

图 3-25 用垫片调整轴承的间隙

图 3-26 所示为用螺钉调整轴承间隙的方法。调整时，先松开锁紧螺母 2，再调整螺钉 3，推动压盖 1，调整轴承间隙至合适的值，最后拧紧锁紧螺母。

3. 齿轮传动机构的装配

齿轮传动是最常用的传动方式之一，它依靠轮齿间的啮合传递运动和动力。齿轮传动能够保证准确的传动比，传递功率和速度范围大，传动效率高，结构紧凑，使用寿命长，但齿轮传动对制造和装配的要求较高。齿轮传动的类型较多，有直齿轮、斜齿轮、人字齿轮传动，还有圆柱齿轮、锥齿轮以及齿轮齿条传动等。

要保证齿轮传动平稳、准确，冲击与振动小，噪声低，除了控制齿轮本身的精度要求以外，还必须严

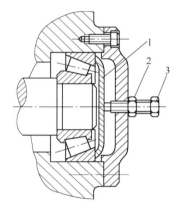

图 3-26 用调整螺钉调整轴承的间隙
1—压盖 2—锁紧螺母 3—调整螺钉

格控制轴、轴承及箱体等有关零件的制造精度和装配精度，才能实现齿轮传动的基本要求。

1）齿轮与轴的装配。根据齿轮的工作性质不同，齿轮在轴上有空转、滑移和固定连接三种形式。安装前，应该检查齿轮孔与轴配合表面粗糙度轮廓、尺寸精度及几何误差。

在轴上空转或滑移的齿轮，与轴的配合为小间隙配合，其装配精度主要取决于零件本身的制造精度，这类齿轮装配很方便。齿轮在轴上不应该有咬住和阻滞现象，滑移齿轮轴向定位要准确，轴向错位量不得超过规定值。

在轴上固定的齿轮，通常与轴的配合为过渡配合，装配时需要有一定的压力。过盈量较小时，可以用铜棒或锤子轻轻敲击装入；过盈量较大时，应该在压力机上压装。压装前，应该保证零件轴、孔清洁，必要时，涂上润滑油；压装时，要尽量避免齿轮偏斜和端面不到位等装配误差。也可以将齿轮加热后，进行热套或热压。对于精度要求高的齿轮装配，装配后还需要进行径向圆跳动和轴向圆跳动的检查，如图 3-27 所示。

2）齿轮轴部件和箱体的装配。齿轮轴部件在箱体中的位置，是影响齿轮啮合质量的关键；箱体主要部件的尺寸精度、几何精度均必须得到保证，主要有孔与孔之间的平行度和同轴度以及中心距。装入箱体的所有零、部件必须清洗干净。装配的方式，应该根据轴在箱体

中的结构特点而定。

若箱体组装轴承部位是开式的，装配比较容易，只要打开上部，齿轮轴部件就可以放入下部箱体，如一般的减速器。但有时组装轴承部位是一体的，轴上的零件（包括齿轮、轴承等）是在装入箱体过程中同时进行的，在这种情况下，轴上配合件的过盈量通常都不会大，装配时可以用铜棒或锤子将其敲击装入。

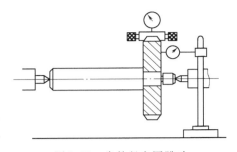

图 3-27　齿轮径向圆跳动
及轴向圆跳动的检查

采用滚动轴承结构的，其两轴的平行度和中心距基本上是不可调的。采用滑动轴承结构的，可以结合齿面接触情况做微量调整。

在齿轮传动机构中，如支承轴两端的支承座与箱体分开，则其同轴度、平行度、中心距均可以通过调整支承座的位置来调整，以及在其底部增加或减少垫片的办法进行调整，也可以通过实际测量轴线与支承座的实际尺寸偏差，将其返修加工的方法解决。

对于大型开式齿轮，一般在现场进行安装施工。安装时应该特别注意孔轴的对中要求，通常采用紧键连接，装配前配合面应该加润滑油（或润滑脂）。轮齿的啮合间隙，应该考虑摩擦发热的影响。

4. 过盈配合件的装配

过盈连接是依靠包容件（孔）和被包容件（轴）的过盈配合，使装配后的两零件表面产生弹性变形，在配合面之间形成横向压力，依靠这个压力产生的摩擦力传递转矩和轴向力。其形式简单，对中性好，承载能力强，能够承受变载荷和冲击载荷，但配合面的加工要求较高。

过盈连接的装配，按其过盈量与公称尺寸的大小，主要有压入法、热胀法和冷缩法等。装配前应该仔细清理配合面，不应该有毛刺、凹坑、凸起等缺陷，检查配合尺寸是否符合规定的要求。

1）压入装配工艺。压入装配可以分为锤击法和压力机压入法两种，适用于过盈量不大的场合。锤击法可根据零件的大小、过盈量、配合长度和生产批量等因素，用锤子或大锤将零件打入装配，一般适用于过渡配合。用压力机压入装配，需具备螺旋压力机、气动杠杆压力机、液压机等设备，直径较大的孔轴过盈配合就需要用大吨位的压力机。

① 压入前，可以在配合表面涂上润滑油，以防装配时擦伤表面。

② 压入过程中应该保持连续压入，并注意导正，速度也不宜过快，一般为 2～4mm/s，不宜超过 10mm/s。

③ 对于细长的薄壁零件，要特别注意检查其形状偏差，装配时应该垂直压入。

④ 锤击时不可直击零件表面，应该采用软垫加以保护。

⑤ 装配时如果出现装入力急剧上升或超过规定数值时，应该停止装配，必须在找出原因并处理后方可继续装配。

2）热胀配合的装配工艺。对于过盈量较大的配合，一般采用热装的方法，利用物体受热后膨胀的原理，将包容件加热到一定温度，使孔径增大，然后与相配件装配，待冷却收缩后，配合件便紧紧地连接在一起。热装的方法适用于配合零件，尤其是过盈配合的零件。确定配合件采用热装方法，要根据零件的大小、配合尺寸公差、零件的材料、零件的批量、工厂现有设备状况等条件才能确定。

对于大直径的齿轮件中的齿毂与齿圈的装配，一般蜗杆减速器中轮毂与蜗轮圈的装配等，因其属于无键连接传递转矩，一般都采用热胀装配。对于一般轴与孔的装配，看其过盈量的大小、轴与孔件的材料来确定装配方法。一般过盈量大的应采用热装方法，其过盈量不太大的，如果轴与孔件都是钢质材料，也应优先考虑热胀装配，但也可以选择压入装配方法。压入装配的质量合格率远不及热胀装配，因压入装配受设备压力限制、人员操作水平及零件加工质量、压入装配时的不可测因素等影响。对于一些较小的配合件，如最常见的滚动轴承等，一般采用热胀装配为宜。

3）冷缩配合的装配工艺。当套件较大而压入的零件较小时，加热套件不方便，甚至无法加热，或有些套件不准加热时，可以采用冷缩配合的装配工艺。冷缩配合法是利用物体温度下降时体积缩小的原理，将轴件冷却，使轴件的尺寸缩小，然后将轴件装入孔中，温度回升后，轴与孔便紧固连接了。冷缩配合法与热胀装配法相比，变形量小，适用于一些材料特殊或装配精度要求高的零件。由于所用工装设备比较复杂，操作也较为麻烦，所以应用较少。

冷缩配合法常用的冷却剂及冷却温度：干冰为 – 78℃，液氨为 – 120℃，液氧为 – 180℃，液氮为 – 190℃。

3.3.4 传动轴在箱体上的轴向定位方法

传动轴通过轴承在主轴箱体上的轴向定位方法，有一端定位和两端定位两种。图 3-28 所示为 CA6140 型卧式车床主轴部件的结构图。主轴Ⅵ为一端定位，在前支承处装有一个 60°角接触的双列推力向心球轴承 4，其内圈固定在主轴Ⅵ上，外圈固定在箱体上，用于承受左右两个方向的轴向力。向左的轴向力由主轴Ⅵ经螺母 6、双列短圆柱滚子轴承 5 的内圈、双列推力向心球轴承 4 传到箱体；向右的轴向力由主轴Ⅵ经调整螺母 3、双列推力向心球轴承 4、隔套 8、双列短圆柱滚子轴承 5 的外圈、轴承盖 7 传到箱体，从而使主轴Ⅵ实现轴向定位。

轴承的间隙直接影响主轴的旋转精度和刚度，因此使用中如发现因轴承磨损而致使间隙

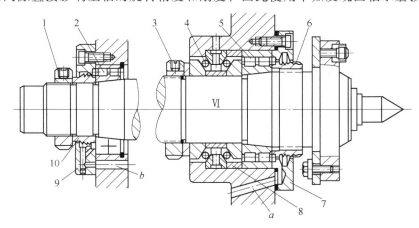

图 3-28　CA6140 型卧式车床主轴部件的结构图

1、3—调整螺母　2、5—双列短圆柱滚子轴承　4—双列推力向心球轴承　6—螺母　7—轴承盖　8—隔套　9—轴承盖　10—套筒

增大时，需及时进行调整。在图 3-28 中，双列短圆柱滚子轴承 5 可用调整螺母 3 和螺母 6 调整。调整时先拧松螺母 6，然后拧紧带锁紧螺钉的调整螺母 3，使双列短圆柱滚子轴承 5 的内圈相对主轴Ⅵ锥形轴颈向右移动。由于锥面的作用，薄壁的轴承内圈产生径向弹性膨胀，将滚子与内、外圈之间的间隙消除。调整妥当后，再将螺母 6 拧紧。

图 3-29 所示为 CA6140 型卧式车床轴 V 部件的结构图。传动轴 V 为两端定位，向左的轴向力通过左边的圆锥滚子轴承 1，直接作用于箱体轴承孔台肩上，向右的轴向力由右端圆锥滚子轴承 2 经压盖 3、螺钉 4 和盖板 5 而传到箱体。利用螺钉 4 可以调整左右两个圆锥滚子轴承外圈的相对位置，使轴承保持适当间隙，以保证其正常工作。

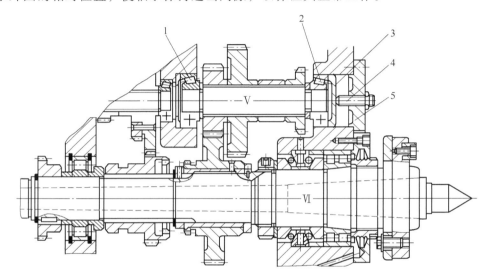

图 3-29　CA6140 型卧式车床轴 V 部件的结构图

1、2—圆锥滚子轴承　3—压盖　4—螺钉　5—盖板

1. 简述主轴部件的拆卸过程。

2. 怎样拆卸和装配滚动轴承？

3. 传动轴如何轴向定位？

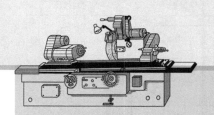

第4章

典型机构的拆装

4.1　　　导轨副的拆装

4.1.1　拆卸车床导轨副

按一般的技能要求，将一台卧式车床的床鞍和溜板箱拆去。在拆卸的过程中，应注意导轨面的保护，以免损坏导轨面。拆去床鞍和溜板箱后，可以看到卧式车床的导轨副，这种导轨是滑动导轨，它是 V 形-平面导轨副，属于机床导轨中使用最广泛的类型，如图 4-1 所示。

机床的导轨是用于支承和引导运动部件沿着一定的轨迹准确运动，或起夹紧定位作用的轨道。当运动部件沿着支承导轨做直线运动时，支承导轨部件上的导轨起支承和导向的作用，即支承运动部件和保证运动部件在外力（外载荷及构件本身的重量）的作用下，沿给定的方向做直线运动。

按导轨的截面形状不同可以分为：V 形导轨、矩形导轨、燕尾形导轨和圆柱形导轨四

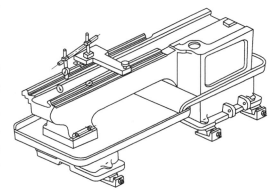

图 4-1　卧式车床的导轨副

种，有凸形和凹形两类，见表 4-1。导轨副是机床中使用最广泛的连接结构，常见机床导轨副的组合形式有双 V 形导轨副、V 形-平面导轨副、双矩形导轨副、双燕尾形导轨副、燕尾-平面导轨副和双圆柱形导轨副，见表 4-2。机械设备中的连接结构形式除了螺纹连接等静连接外，导轨连接结构是常见的移动副，是机械连接中的一种动连接结构，如图 4-2 所示。

4.1.2　清洗检查导轨副

对已拆卸的导轨应进行清洗，要求对全部拆卸件都要进行清洗。应彻底清除表面上的脏物，检查其磨损痕迹、表面裂纹和砸伤缺陷，检查压紧装置有无损坏。检查导轨副的尺寸公差和几何公差，如图 4-3 所示。

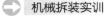

表 4-1　滑动导轨的截面形状

类别	对称 V 形	不对称 V 形	矩形	燕尾形	圆柱形
凸形	45° 45°	90° 15°~30°		55° 55°	
凹形	90°	60°~70° 90°		55° 55°	

表 4-2　常见机床导轨副的组合形式

序号	润滑条件好 移动速度大	存油困难 移动速度小	用于立柱或横梁 导轨,移动速度小	特　性
1				导向性好,磨损后能自动补偿,制造困难,用于高精度机床
2				导向性较好,磨损后能自动补偿,制造较方便,用于精度较高的机床
3				制造容易,磨损后不能自动补偿,用于一般精度的机床
4				容易调整,不能承受大的颠覆力矩,用于高度小、移动速度不大的场合
5				较容易调整,用于高度小、移动速度不大、有单向颠覆力矩的场合
6				制造容易,可采用淬火钢导轨与铸铁导轨配对组合,耐磨损。用于对称轴向载荷

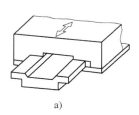　　　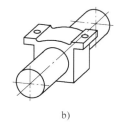　　　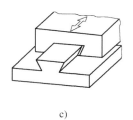

a)　　　　　　　　　　b)　　　　　　　　　　c)

图 4-2　滑动导轨副

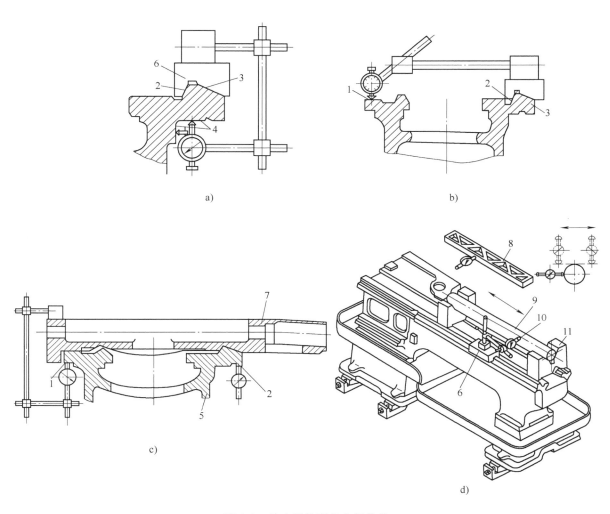

图 4-3 检查导轨副的几何公差

a）测量 V 形导轨对齿条安装面的平行度　b）检查表面 1 对 V 形导轨的平行度

c）测量尾座导轨等对溜板导轨的平行度　d）测量导轨在水平面内的直线度

1、2、3、4—导轨表面　5—床身　6—角度底座　7—床鞍　8—平行平尺　9—检验棒　10—百分表　11—等高 V 形架

通过检查，决定零件的再用、修复或更换。必须重视再用零件或新换零件的清理，要清除由于零件在使用中或者加工中产生的毛刺。例如，轴类零件的螺纹部分、孔轴滑动配合件的孔口部分的毛刺和毛边都必须清理掉，这样才有利于装配工作与零件功能的正常发挥。零件清理工作必须在清洗过程中进行，清洗后用压缩空气吹干，涂上润滑油防止零件生锈。若用化学碱性溶液清洗零件，洗涤后还必须用热水冲洗，防止零件被腐蚀。

4.1.3　安装与检测导轨副

由于机床导轨副的床鞍（被支承件）和轨道两个主要部件要求有平稳的相互运动，它们之间的配合是间隙配合，所以机床导轨副的安装工作主要是安装前的检查，安装后的间隙调整和润滑维护。

1. 安装前的检查

在安装导轨副前，必须对导轨副的各个零件进行严格的检查。

1）检查导轨是否合格。

2）检查导轨副配合面是否有碰伤或者锈蚀，如有锈蚀，需用防锈油清洗干净，并清除装配表面的毛刺、撞击凸起物及污物等。

3）检查导轨副的尺寸公差和几何公差是否符合要求，尤其是要检查导轨的直线度误差。

4）检查装配连接部位的螺柱孔是否吻合，如果发生错位而强行拧入螺柱，将会降低运动精度。

5）对床鞍（被支承件）和轨道及所有的零件进行清洁，必要时涂上润滑油。

2. 安装导轨

按技术要求对导轨进行安装。

1）将导轨基准面紧靠机床装配表面的侧基准面，对准螺纹孔，把导轨轻轻地用螺柱予以固定。

2）上紧导轨侧面的顶紧装置，使导轨基准侧面紧紧靠贴床身的侧面。

3）使用扭力扳手拧紧导轨的安装螺柱，注意从中间开始按交叉顺序向两端拧紧。推荐的拧紧力矩，见表4-3。

表4-3　推荐的拧紧力矩

螺柱规格	M3	M4	M5	M6	M8	M10	M12	M14
拧紧力矩/(N·m)	1.6	3.8	7.8	11.7	28	60	100	150

3. 安装床鞍

1）将床鞍置于床身导轨上，并将压板孔对准安装螺纹孔，用螺钉轻轻地压紧。

2）拧紧床鞍内、外侧基准面的压紧装置，使床鞍基准侧面紧紧靠贴在床身导轨的侧基准面上。

3）按对角线顺序拧紧床鞍基准侧面和非基准侧面上各个螺钉。

在安装过程中，应注意导轨面的保护，以免损坏导轨面。由于床鞍较重，要注意安全，以免砸伤手脚。

4. 检测导轨副

导轨副安装精度的高低，直接影响机床的加工精度。导轨副安装完毕后，应检查其全行程内的运动是否轻便、灵活，有无阻滞现象；检查导轨副表面有无划痕和缺陷，摩擦阻力在全行程内不应有明显的变化。达到这些要求后，再检查床鞍的运行直线度、平行度是否符合要求。运行的直线度、平行度，可以通过百分表进行测量。

1）测量尾座导轨对床鞍导轨的平行度误差，如图4-4所示。将检验桥板横跨在床身导轨上，百分表的测头触及床身导轨副的平面和V形面，移动检验桥板，在全长上进行测量，百分表的读数差即为其平行度误差。同理，将尾座底板横跨在床身导轨上，用百分表进行测量，两者结果的读数差，即为尾座导轨对床鞍导轨的平行度误差。

2）测量床鞍导轨水平面内的直线度误差，如图4-5所示。移动检验桥板，百分表在导轨全长范围内最大读数与最小读数之差，即为导轨水平面内的直线度误差。

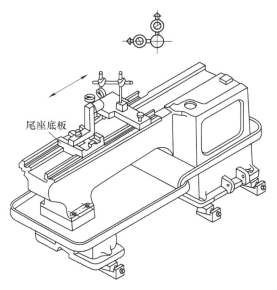

图 4-4　测量尾座导轨对床鞍
导轨的平行度误差

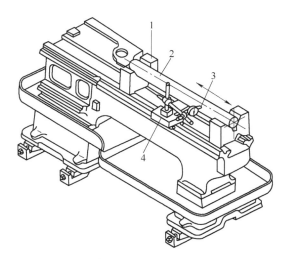

图 4-5　测量床鞍导轨水平面内的直线度误差
1—等高 V 形架　2—检验棒　3—百分表　4—检验桥板

5. 调整导轨副的间隙

为保证导轨正常工作，导轨滑动表面之间应保持适当的间隙。间隙过小，会增加摩擦阻力；间隙过大，会降低导向精度。对于 V 形-平面导轨副而言，床身导轨与床鞍导轨的拼装间隙调整主要是配刮内、外两侧的压板，并刮研下导轨面（压板面），目的是保证床鞍在导轨全长上移动均匀、平稳，如图 4-6 所示。

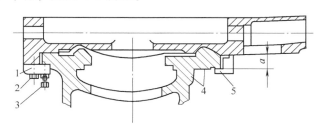

图 4-6　两侧压板的调整
1—外侧压板　2—紧固螺钉　3—调整螺钉　4—内侧导轨面　5—内侧压板

外侧压板为可调压板，将压板工作面按平板刮研至要求，使用调整螺钉调整就可以了。内侧压板为固定压板，安装在床鞍上。用塞尺检查其与内侧导轨面 4 的间隙，以确定压板固定结合面的加工余量，用机械加工或锉削加工后，安装并拖研。刮削内侧压板滑动结合面，安装并调整外侧压板 1，拖研并刮削床身下导轨面，达到全长上均匀滑动。

导轨副的间隙如果依靠刮研来保证，需要花费很大的劳动量，而且导轨经过长时期使用后，会因为磨损而增大间隙，需要及时进行调整，因而矩形导轨、燕尾形导轨必须具有间隙调整装置。矩形导轨需要在垂直和水平两个方向上调整间隙：在垂直方向上，一般采用下压板调整其底面间隙，如图 4-7 所示；在水平方向上常用平镶条或斜镶条调整其侧面间隙，如图 4-8 所示。值得注意的是，圆柱形导轨的间隙不能调整，V 形导轨磨损后可以自动调整。

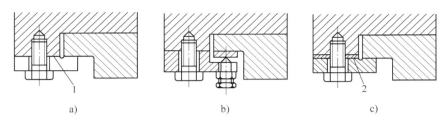

图 4-7　导轨副在垂直方向上的间隙调整

a）刮研或配磨下压板的结合面　b）用调整螺钉调整镶条位置　c）改变垫片的片数或厚度

1—结合面　2—垫片

4.1.4　导轨副的润滑和防护

导轨副润滑的方式有浇杯、油杯、手动油泵和自动润滑等，在加油时应注意保护导轨面，不能造成导轨面的损伤，要选择合适的工具进行加油；严格按换油计划进行换油，不得漏加或错加。在操作过程中应保持润滑油的清洁，还应注意文明操作。

润滑油能使导轨间形成一层极薄的油膜，使导轨尽量在接近液体摩擦状态下工作，阻止或减少导轨面直接接触，减小摩擦和磨损，以延长导轨的使用寿命。同时，对于低速重载运动，润滑油可以防止发生"爬行"；对于高速运动，润滑油可以减少摩擦热，减少热变形。

导轨副的防护装置用来防止切屑、灰尘等脏物落到导轨表面，以免使导轨擦伤、生锈和过快的磨损。为此，在运动导轨端部安装刮板，采用各种样式的防护罩，使导轨不外露等办法进行防护，如图 4-9 所示。

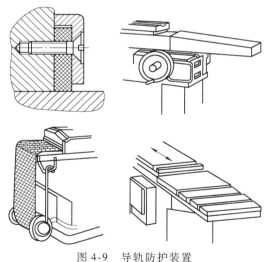

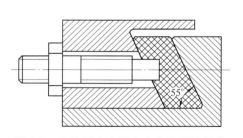

图 4-8　导轨副在水平方向上的间隙调整

图 4-9　导轨防护装置

4.2　链传动装置的拆装

4.2.1　拆卸链传动装置

链传动由装在平行轴上的两个链轮和绕在链轮上的环形链条所组成，转动一个链轮的同时，通过链条带动另一个链轮转动。链轮上制有特殊齿形的轮齿，以环形链条作为中间挠性件，工作时靠链条与链轮的轮齿啮合来传递运动和动力，如图4-10所示。链传动是啮合传动，可保证一定的平均传动比。适用于两轴距离较远的传动，传动较平稳，传动功率较大，特别适合在温度变化大和灰尘较多的场合使用。

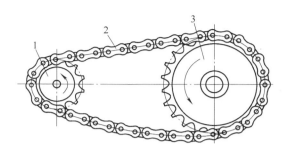

图4-10 链传动示意图
1—主动链轮 2—链条 3—从动链轮

拆卸链传动装置时，用工具先拆除链条连接处的弹簧卡片（或钢丝锁销），卸下链条，取下链轮上的销子或锁紧螺钉，拆下两链轮。观察链条，发现链条由链节所组成。根据链节形状的不同，链传动可以分为滚子链传动和齿形链传动两种类型。

滚子链的结构图，如图4-11所示，它主要由内链板1、外链板2、销轴3、套筒4和滚子5所组成，可以制作成多排，排数越多，传动能力越大。

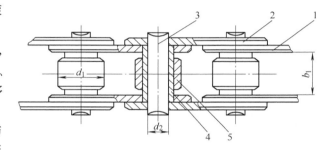

图4-11 滚子链的结构图
1—内链板 2—外链板 3—销轴 4—套筒 5—滚子

齿形链是利用特定齿形的链板与链轮相啮合来实现传动的，齿形链板彼此用铰链连接起来，链板两工作侧面间的夹角为60°，相邻链节的链板左右错开排列，并用销轴、轴瓦或滚柱将链板连接起来，如图4-12所示。

齿形链具有工作平稳、噪声较小、允许链速较高、承受冲击载荷能力较好和轮齿受力较均匀等优点，但结构复杂、装拆困难、价格较高、重量较大，并且对安装和维护的要求也较高。按铰链的结构不同，可以分为圆销铰链式、轴瓦铰链式和滚柱铰链式三种形式。

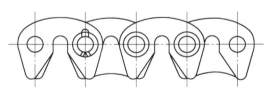

图4-12 齿形链

4.2.2 滚子链传动

滚子链传动时，套筒上的滚子沿链轮齿廓滚动，可以减轻链和链轮轮齿的磨损。图4-13所示为滚子链的组成和组装。

把一根以上的单列链并列，用长销轴连接起来的链称为多排链，如图4-14所示。链的排数越多，承载能力越大，但链的制造与安装精度要求也越高，且越难使各排链受力均匀，并将大大降低多排链的使用寿命，因而链的排数不宜超过四排。当传动功

图4-13 滚子链的组成和组装

率较大时，可以采用两根或两根以上的双排链或三排链。

为了形成链节首尾相接的环形链条，要用接头加以连接，如图 4-15 所示。当链节数为偶数时，采用连接链节，其形状与链节相同，接头处用钢丝锁销或者弹簧卡片等止锁件将销轴与连接链板固定。当链节数为奇数时，则必须加一个过渡链节。由于过渡链节的链板在工作时受有附加弯矩，因而应尽量避免采用奇数链节。

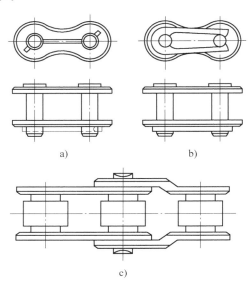

a)   b)

c)

图 4-15　链接头

a）钢丝锁销固定　b）弹簧卡片固定　c）过渡链节

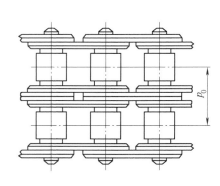

图 4-14　双排滚子链结构

4.2.3　链传动装置的装配

在装配链传动装置时，先把链轮安装在链轴上，然后用锥销固定或用键连接加紧定螺钉固定，以及用轴侧端盖固定，再把链条装到链轮上，并用弹簧卡片卡紧。同时需要注意：

1）两链轮轴线必须平行，否则会加剧链轮和链的磨损，从而降低传动的平稳性，增加噪声，可通过调整两轮轴两端支承件的位置来调整两轮轴线的平行度。

2）两链轮的中心平面应重合，轴向偏移量应控制在允许的范围内。如没有具体的规定，一般当两轮的中心距小于 500mm 时，轴向偏移量应控制在 1mm 以内；当两轮的中心距大于 500mm 时，轴向偏移量应控制在 2mm 以内，可以用长钢直尺或钢丝检查。

3）链轮在链轴上固定后，其径向和轴向圆跳动量应符合规定要求，通常的允许跳动量，见表 4-4。

表 4-4　滚子链轮的允许跳动量　　　　　　　　　　　　（单位：mm）

链轮直径	径向圆跳动	轴向圆跳动	链轮直径	径向圆跳动	轴向圆跳动
≤100	0.25	0.3	300 ~ 400	1.0	1.0
100 ~ 200	0.5	0.5	>400	1.2	1.5
200 ~ 300	0.75	0.8			

4）两链轮的回转平面应在同一平面内，否则容易使链条脱落，或不正常磨损。当链轮水平装配时，要使紧边在上，松边在下，以防松边下垂度过大而使链条与链轮轮齿发生干涉，或松边与紧边相碰。可采用张紧轮调整松紧度，控制松边的垂度，如图 4-16 所示。

5）两链轮的连心线最好是在水平面内，若需要倾斜装配时，倾斜的角度应避免大于45°，可采用张紧轮调整松紧度，控制松边的垂度，如图 4-17 所示。

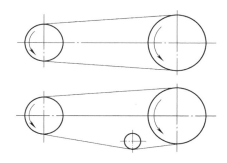

图 4-16　水平装配链轮

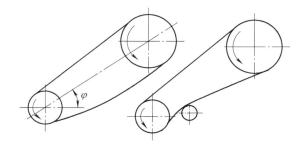

图 4-17　倾斜装配链轮

6）应该避免两链轮的垂直装配，因为过大的下垂度会影响链轮与链条的正确啮合，降低传动能力。如果必须垂直装配，应让上、下链轮错开，也可采用张紧轮调整松紧度，控制松边的垂度，如图 4-18 所示。

7）装配好的链条的下垂度不宜过大，当链传动是水平或倾斜在 45°以内安装时，下垂度 f 应不大于 $2\%L$（L 为两链轮的中心距）；倾斜度增加时，要减小下垂度，对垂直放置的链传动，f 应小于 $0.2\%L$，检测的方法如图 4-19 所示。链传动装置安装好以后，要检查链条的松紧程度，如不符合要求，就需要张紧链条。

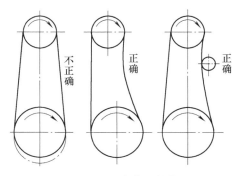

图 4-18　垂直装配链轮

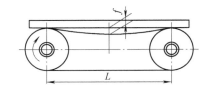

图 4-19　链条的下垂度检查

4.3　齿轮传动装置的拆装

4.3.1　圆柱齿轮传动装置的拆装

将齿轮从轴上顺着键的方向拆卸下来，注意不要让齿轮与轴相碰撞，防止破坏轴的表面，同时要注意安全，以防轮齿划伤手。对拆卸后的齿轮和轴上的其他零件做好清洗润滑工作，并按顺序放置，必要时（零件较多）进行编号存放，如图 4-20 所示。对于拆卸下的圆柱齿轮，要熟悉模数 m、齿数 z 和压力角 α 这样三个参数。

1. 正确选配直齿圆柱齿轮

齿轮拆卸下后，发现有损坏，需要进行更换和选配。并不是任何两只齿轮安装在一起就能进行啮合传动，一对直齿圆柱齿轮能够连续顺利地传动，需要各对轮齿依次正确啮合，互不干涉，如图4-21所示。为保证传动时不出现两齿廓局部重叠引起卡死，或侧隙过大导致冲击现象，必须使齿轮副满足的条件是：两齿轮的模数相等，即 $m_1 = m_2$；两齿轮的压力角相等，即 $\alpha_1 = \alpha_2$。这就是正确选配一对齿轮进行啮合传动的条件，缺一不可。由于标准齿轮的压力角均为20°，所以在更换和选配齿轮时，只需要提供齿轮的模数和齿数。

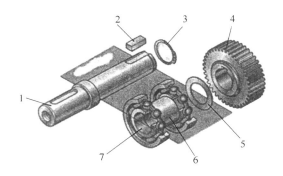

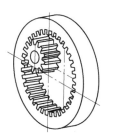
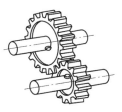

图4-20　齿轮和其他零件

1—轴　2—键　3—安全环　4—圆柱齿轮
5—垫片　6—套筒　7—轴承

图4-21　直齿圆柱齿轮传动

2. 正确选配斜齿圆柱齿轮

直齿圆柱齿轮的齿线为一根直线，而斜齿圆柱齿轮的齿线为螺旋线，螺旋线和轴线之间的夹角为螺旋角 β，如图4-22所示。斜齿圆柱齿轮的螺旋线方向分为左旋和右旋，其旋向的判别：让斜齿圆柱齿轮的轴线竖直放置，面对齿轮，轮齿的方向从左向右上升时为右旋斜齿圆柱齿轮；反之，轮齿的方向从右向左上升时为左旋斜齿圆柱齿轮。

观察斜齿圆柱齿轮的啮合情况，可以发现斜齿圆柱齿轮啮合时，齿面上的接触线是倾斜的，沿着齿宽是逐渐接触并由短变长，再由长变短，直到啮合终止，其啮合过程比直齿圆柱齿轮长。斜齿圆柱齿轮传动相比直齿圆柱齿轮传动要平稳，连续性要好，承载能力要高。

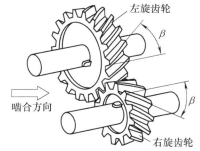

图4-22　斜齿圆柱齿轮传动

由于斜齿圆柱齿轮具有一定的旋向和螺旋角 β 的存在，因此斜齿圆柱齿轮副的正确啮合条件，不但要满足模数和压力角都相等的要求，还有一个条件是两齿轮的螺旋角相等，旋向相反。所以正确选配斜齿圆柱齿轮的条件是：两齿轮的端面模数或法向模数相等，即 $m_1 = m_2$，或 $mn_1 = mn_2$；两齿轮的端面压力角或法向压力角相等，即 $\alpha n_1 = \alpha n_2$；两齿轮的螺旋角相等，旋向相反，即 $\beta_1 = -\beta_2$。

3. 圆柱齿轮传动装置的装配

装配圆柱齿轮传动装置时，首先要做好装配前的准备工作，也就是对轴、孔及所有要装配的零件进行清洁，必要时涂上润滑油；然后，将齿轮与轴上其他零件按拆卸时的相反顺序装配到轴上（见图4-20）。装配时，先按要求装配好轴承，再装配垫片、键、圆柱齿轮和安全环。注意保证齿轮轴线与轴的同轴度，并严格控制齿轮的径向圆跳动和轴向圆跳动。与拆卸时一样，注意装配时不要让齿轮与轴相碰撞，防止破坏轴的表面。同时要注意安全，戴上工作手套，以防轮齿划伤手。

将齿轮轴部件装配到箱体内时，要注意齿轮轴部件在箱体中的位置，因为它将直接影响齿轮传动的啮合质量。同时，要检测两齿轮轴部件的中心距，中心距的装配误差将直接影响齿轮啮合传动的质量。如果两齿轮装配后的中心距偏大，则两齿轮轮齿的接触面减小，而且侧隙会增大，传动时将产生冲击现象；如果两齿轮装配后的中心距偏小，则会引起两齿轮的齿廓局部重叠，传动时将产生卡死现象。为了保证齿轮的正确啮合传动，在装配时必须将两齿轮的中心距误差控制在一定范围内。

装配后的齿轮齿侧间隙也要控制在规定的范围内，必须符合相关技术文件的要求。侧隙过大，换向空行程大，会产生冲击和噪声；侧隙过小，齿轮转动不灵活，严重时会出现卡死现象。齿侧间隙的检查方法有：

1）压铅丝检查法，如图4-23所示。沿着齿轮的齿宽方向，在齿面两端平行放置两条软铅丝（其直径一般为最小齿侧间隙的1/4倍），齿宽较大时应放置3～4条。转动齿轮，将铅丝压扁后，测量其最薄处的厚度，这个厚度值就是齿侧间隙。

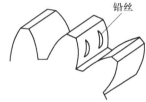

图4-23　压铅丝检查法

2）百分表检查法，如图4-24所示。将两啮合齿轮中的一个齿轮固定，在另一个齿轮上安装一夹紧杆，由于存在齿侧间隙，装有夹紧杆的齿轮可以摆动一定的角度，从而推动百分表的测头，得到读数 C，通过公式可以计算得到齿侧间隙值 C_n。

$$C_n = C \frac{R}{L} \qquad (4-1)$$

式中　C——百分表读数；

　　　R——装有夹紧杆的齿轮分度圆半径（mm）；

　　　L——测量点到轴心的距离（mm）。

3）检查两啮合齿轮的接触精度。将红丹粉涂在一齿轮的工作面上，空转两啮合齿轮（转动齿轮时，应轻微制动从动轮），然后检查它的接触斑点情况。相互啮合的两齿轮要有足够的接触面积和正确的接触部位，接触斑点的面积大小及分布应符合相关的技术要求。

4.3.2　锥齿轮传动装置的拆装

锥齿轮传动装置的拆装与圆柱齿轮传动装置的拆装基本类似，观察锥齿轮传动装置时可以发现，经过锥齿轮传动装置后，传动的轴线方向变换成垂直方向了，其两轴线在锥顶相交，且有规定的角度。因而，锥齿轮传动可用来传递相交两轴的运动和动力，如图4-25所示。

锥齿轮轴线的几何位置一般取决于箱体的加工精度，轴线的轴向定位以锥齿轮的背锥作为基准，装配时使背锥面平齐，以保证两齿轮的正确位置。轴向定位可由轴承座与箱体间的垫片来进行调整。可以通过涂色法检查接触斑点是否偏向齿顶或齿根，从而沿轴线调节和移

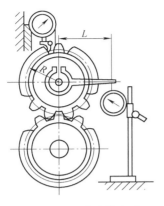

图 4-24　百分表检查法

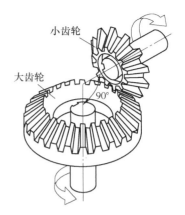

图 4-25　直齿锥齿轮传动

动齿轮的位置。

因为锥齿轮做垂直于两轴间的传动，所以箱体两垂直轴承座孔的加工精度必须符合规定的技术要求。图 4-26 所示为箱体两孔位置精度检查图。检查两孔垂直度的方法是：将百分表装在检验棒 1 上，测头触及检验棒 2，再固定检验棒 1 的轴向位置，旋转检验棒 1，百分表在检验棒 2 上 L 长度内的两点读数差，就是两孔在 L 长度内的垂直度误差（见图 4-26a）。检查两孔对称度的方法是：检验棒 1 的测量端制成叉形槽，检验棒 2 的测量端按对称度公差制成两个阶梯形，即通端和止端。检查时，若通端能通过叉形槽而止端不能通过，则两孔的对称度合格，否则为超差。

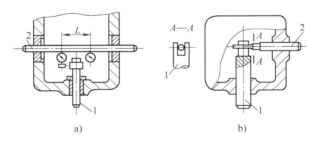

图 4-26　两孔位置精度检查图

锥齿轮装配后侧隙的检查方法与圆柱齿轮侧隙检查的方法基本相同，只是其侧隙要求另有规定，见表 4-5。

表 4-5　锥齿轮的侧隙

精度等级	模数/mm	侧隙/μm		精度等级	模数/mm	侧隙/μm	
		最小	最大			最小	最大
8	< 8	250	750	9	< 10	300	1100
	8 ~ 10	250	850		10 ~ 16	400	1200
	>10	300	900		>16	500	1400

锥齿轮的啮合情况也用涂色法进行检查，在没有载荷的情况下，轮齿的接触部位应靠近轮齿的小端。一般情况下，齿轮表面的接触面积在齿高和齿宽方向均应不少于 40%，否则

就要检查齿侧间隙或夹角是否达到了装配要求，如图 4-27 所示。

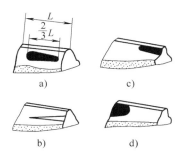

图 4-27 锥齿轮的接触斑点

a）正常啮合 b）侧隙不足
c）夹角过大 d）夹角过小

4.3.3 蜗杆传动装置的拆装

图 4-28 所示为蜗杆传动装置的结构图。它由箱体、蜗轮、蜗杆等零件组成，蜗轮和蜗杆的两轴空间交错，交错角为 90°，用来传递两相互垂直轴（不在一个平面内）之间的运动和动力。其传动比大、结构紧凑、有自锁作用、运动平稳、噪声小，但传动效率较低，摩擦和发热量较大，因而传递的功率较小，一般功率 P 不大于 5kW。蜗轮的齿圈通常用青铜制造，成本较高，适合于用作减速、起重等机械。

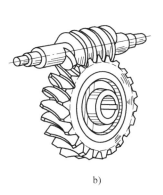

a）   b）

图 4-28 蜗杆传动装置的结构图

a）蜗杆传动装置实物图 b）蜗杆传动

按蜗杆的形状不同，蜗杆传动可以分为圆柱蜗杆传动、环面蜗杆传动和圆锥蜗杆传动等几种类型，其中以圆柱蜗杆传动应用最为广泛，如图 4-29 所示。蜗杆传动装置的装配技术要求是：

1）蜗杆的轴线与蜗轮的轴线应相互垂直，蜗杆轴线应在蜗轮轮齿的中间平面内。

2）蜗轮与蜗杆的中心距必须符合要求。

3）有适当的啮合侧隙和正常的接触斑点。

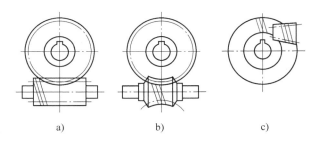

a）   b）   c）

图 4-29 蜗杆传动的类型

a）圆柱蜗杆传动 b）环面蜗杆传动 c）圆锥蜗杆传动

4）装配后的蜗轮蜗杆应转动灵活，没有任何卡滞现象，并受力均匀。

蜗轮的拆装过程与圆柱齿轮的拆装过程基本相同。但蜗杆传动装置的装配顺序，一般是先装配蜗轮，后装配蜗杆。蜗杆的轴线位置一般是由箱体安装孔确定的，蜗杆的轴向位置对装配质量没有影响。蜗杆的轴线应该在蜗轮轮齿的中间平面内，如果装配没有达到规定的要求，可以通过改变调整垫片的厚度来调整蜗轮的轴向位置。

蜗杆传动的齿侧间隙应符合规定的技术要求，对于一般蜗杆传动的齿侧间隙大小，可以用手转动蜗杆，根据空程量的大小判断。要求较高的，可用百分表进行测量。图 4-30 所示为蜗轮蜗杆齿侧间隙的检验示意图。在蜗杆轴上固定一个带量角器的刻度盘 2，百分表测头抵在蜗轮齿面上，用手转动蜗杆，在百分表指针不动的条件下，用刻度盘相对固定指针 1 的最大转角推算出齿侧间隙的大小（见图 4-30a）。如用百分表直接与蜗轮齿面接触有困难，可在蜗轮轴 4 上安装测量杆 3（见图 4-30b）。空程角 α、齿侧间隙 C_n 可以用公式进行换算。

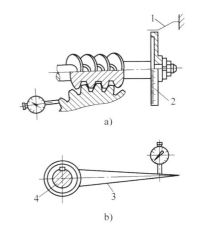

$$C_n = Z_1 \frac{m\alpha}{7.3} \qquad (4\text{-}2)$$

式中 C_n——齿侧间隙（μm）；

   Z_1——蜗杆头数；

   m——模数（mm）；

   α——空程角（′）。

正确啮合的蜗轮和蜗杆传动，其接触斑点也要符合规定的技术要求。蜗轮接触斑点的涂色检验，是将红丹粉涂在蜗杆的螺旋面上，给蜗轮以轻微阻尼，转动蜗杆。根据蜗轮轮齿上的接触斑点情况，判断啮合质量。正确的接触斑点应在啮合面中部略偏蜗杆的旋出方向，如图 4-31 所示。图 4-31a 表示啮合位置正确，图 4-31b、c 表示啮合情况不好，可以对蜗轮进行轴向位置的调整，使其达到正确接触。

图 4-30   蜗轮蜗杆齿侧间隙的检验
a）直接测量   b）用测量杆测量
1—固定指针   2—刻度盘
3—测量杆   4—蜗轮轴

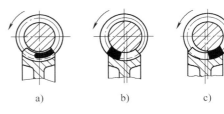

图 4-31   蜗轮齿面接触斑点的检验
a）正确   b）蜗轮偏右   c）蜗轮偏左

4.4   联轴器的拆装

4.4.1   联轴器的分类

联轴器是用来连接部件之间的两根轴或其他回转零件，使之一起回转并传递转矩的中间连接装置。根据是否含有弹性零件而划分为刚性联轴器和弹性联轴器：弹性联轴器因有弹性零件，可起到缓冲吸振的作用，也可在一定程度上补偿两轴之间的偏移；刚性联轴器按结构特点的不同，又可分为固定式和可移式（可移式刚性联轴器对两轴间的偏移量具有一定的补偿能力）两类，如图 4-32 所示。

1）凸缘联轴器。凸缘联轴器属于刚性固定式联轴器，把两个带有凸缘的半联轴器用键分别与两轴连接，然后用螺柱把两个半联轴器连接成一体。凸缘联轴器的结构简单，使用维护方便，传递转矩大，但对两轴的对中性要求较高，如图 4-33 所示。

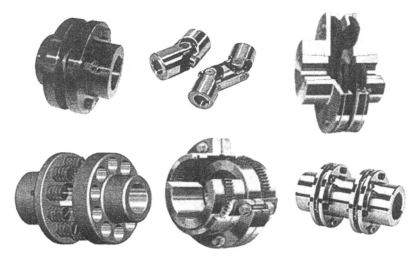

图 4-32 联轴器

2）可移式联轴器。这类联轴器具有轴线可移性，可以补偿两轴间的偏移，若采用弹性元件，还可以起到吸振和缓冲作用。适用于两轴对中性不好、转速较高、有冲击振动的场合，如图 4-34 所示。常用的可移式联轴器有：滑块联轴器、齿式联轴器、弹性圆柱销联轴器等。

3）万向联轴器。万向联轴器主要用于两轴交叉的传动，如图 4-35 所示。这种联轴器可允许两轴间有较大的夹角，

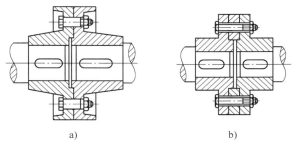

图 4-33 凸缘联轴器

a）无垫片 b）加垫片

而且在运转的过程中，夹角发生变化仍可正常工作，两轴角度偏差可达 35° ~ 40°。但当夹角过大时，传动效率较低。单个使用时两轴的角速度发生变化，一般可采用成对使用来消除这一现象。

4）安全联轴器。安全联轴器可以在载荷超过额定值时，起安全作用的销被剪断，从而保护机械零部件不受损坏，如图 4-36 所示。

4.4.2 联轴器的拆卸

通常是由于设备故障或联轴器自身的故障需要维修而对联轴器进行拆卸，也就是把联轴器拆卸成零部件。拆卸的程度一般根据检修的要求而定，有的只是要求把连接的两轴脱开，有的不仅要把联轴器全部分解，还要把轮毂从轴上取下来。联轴器的种类很多，结构各不相同，联轴器的拆卸过程也不一样。

1）由于联轴器本身的故障而需要拆卸，先要对联轴器整体进行认真细致的检查，彻底查明了故障的原因，再进行拆卸。

2）在拆卸联轴器前，要对联轴器各零部件之间相互配合的位置做一些记号，以作为复装时的参考。对于高转速机械的联轴器，其连接螺柱是经过称重了的，必须标记清楚，不能

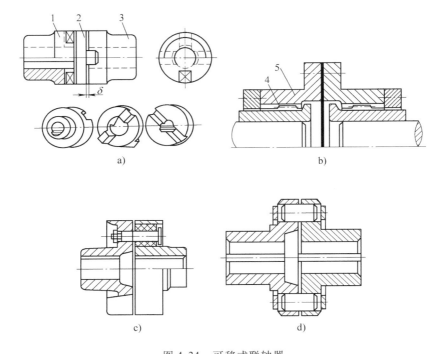

图 4-34　可移式联轴器

a）滑块联轴器　b）齿式联轴器　c）弹性圆柱销联轴器　d）弹性柱销联轴器

1、3—联轴盘　2—中间盘　4—外齿套　5—内齿套

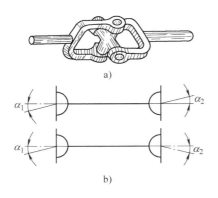

图 4-35　万向联轴器

a）工作示意图　b）主、从动叉轴轴线夹角形式

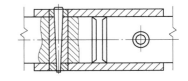

图 4-36　安全联轴器

搞错了。

　　3）拆卸联轴器时，一般先拆卸连接螺柱。连接螺柱的拆卸必须选择合适的工具，使工具的工作面与螺柱的外六角或内六角的受力面不容易打滑，以免损坏螺柱或工具。对于已经锈蚀或油垢比较多的螺柱，可以用溶剂喷涂螺柱与螺母的连接处，使污垢溶化，方便拆卸。也可以考虑用冲击法拆卸，将扳手卡在螺母上，用铜锤子敲打扳手，振松铁锈和污垢，以便容易拆卸。如果还不能把螺柱拆卸下来，还可以采用加热法，加热温度一般控制在 200℃ 以下，通过加热使螺母与螺柱之间的间隙加大，锈蚀物松动掉下，使螺柱容易拆卸。若采用了

这些方法都不行，那就只有破坏螺柱了，把螺柱切掉或钻掉，在装配时更换新的螺柱。新的螺柱必须与原来使用的螺柱规格一致，对于高转速设备联轴器，新更换的螺柱还必须称重，使新螺柱与同一组法兰上的连接螺柱重量一样。

4）在拆卸联轴器的过程中，较难的工作是从轴上拆下轮毂。对于键连接的轮毂，一般用三脚顶头或四脚顶头进行拆卸。选用的顶头应该与轮毂的外形尺寸相匹配，顶头各脚的直角挂钩与轮毂后侧面的结合要合适，在用力时才不会产生滑脱现象。这种方法仅用于过盈较小的轮毂的拆卸，对于过盈较大的轮毂，可以采用加热的方法，或者同时配合液压千斤顶进行拆卸。

5）拆卸联轴器以后，要对其全部零部件进行清洗、清理和质量评定，这是联轴器拆卸后一项极为重要的工作。用汽油或者柴油把零部件清洗干净，清洗后的零部件用压缩空气吹干。若在短时间内准备运行的联轴器，在干燥后的零部件表面涂些汽轮机油或润滑油，防止生锈。对于需要经过较长时间才使用的联轴器，应涂以防锈油保养。对零部件的质量评定是指每个零部件在运转后，其尺寸、形状和材料性质的现有状况与零部件设计确定的质量标准进行比较，判定哪一些零部件能继续使用，哪一些零部件应修复后使用，哪一些属于应该报废更换的零部件。

4.4.3 联轴器的装配

在联轴器装配中，首先要根据图样要求，了解轮毂在轴上的装配关系、联轴器所连接两轴的对中要求等，并且在装配前先对零部件进行检查，然后才开始联轴器的装配。联轴器的结构形式很多，使用的场合也不一样，但联轴器的正确装配能改善设备的运行情况，减少设备的振动，延长联轴器的使用寿命。对于不同结构形式的联轴器，具体装配的要求、方法都不一样，装配工艺的一些要点是：

1）测出两被连接轴各自的轴线到各自安装平面间的距离。

2）将两个半联轴器通过键分别装配在对应的轴上。

3）把其中一轴所装的组件（一般选取较大而笨重的、轴线到安装基准距离较远的组件，一般是选取主机）先固定在基准平面上。

4）通过调整垫铁，使两半联轴器的轴线高、低保持一致，其精度必须进行检测，以达到规定的要求。

5）以固定的轴组件为基准，利用刀口形直尺或塞尺校正另一被连接的半联轴器，使两个半联轴器在水平面上中心一致，必要时也可以用百分表进行校正。

6）均匀连接两个半联轴器，依次均匀地拧紧连接螺钉。

7）检查两个半联轴器的连接平面是否有间隙，可以用塞尺对四周进行检查，要求塞尺不能塞进接合面中。

8）逐步均匀地拧紧轴组件的安装螺钉，并同时检查两轴的转动松紧是否一致，不能出现卡滞现象，否则需重新调整。

4.4.4 联轴器的装配精度检查

由于两轴存在装配误差，必然会出现两轴线不同轴的情况，轴系旋转时就会出现因两轴不对中而产生强迫振动，加剧支承轴承的磨损。因此，装配联轴器的关键问题是保证两根转轴的同轴度误差，联轴器的装配精度检查也就是检查两轴的同轴度。不同形式的联轴器，同轴度的允许误差值也不相同。一般机械设备上所使用联轴器装配的对中允许误差值见表 4-6。

表 4-6　联轴器装配的对中允许误差值　　　　　　（单位：mm）

联轴器连接类型	允　许　误　差	
	径向圆跳动	轴向圆跳动
	最大值 a	最大值 b
挠性与挠性	0.06	0.05
刚性与挠性	0.05	0.04
刚性与刚性	0.04	0.03
齿轮式	0.10	0.05
弹簧式	0.08	0.06

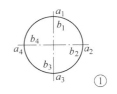

1. 同时旋转两个半联轴器
2. 两根转轴不做轴向窜动

　　联轴器的装配精度检查，可以用直角尺和塞尺测量联轴器外圆的径向偏差，然后用塞尺测量两个半联轴器端面间的轴向间隙偏差，但要掌握好塞尺塞入的松紧程度，如图 4-37 所示。这种方法操作简单，精度不高，误差较大，只适用于机械转速较低、对中要求不高的联轴器的装配测量。

　　联轴器的装配精度检查还可以用百分表进行测量，如图 4-38 所示。装配联轴器时，做一个简单的工装安装百分表，用百分表进行测量找正。测量找正时，可按以下步骤进行。

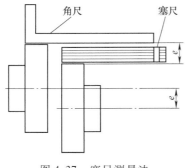

图 4-37　塞尺测量法

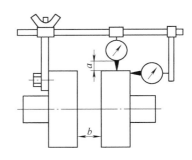

图 4-38　百分表测量法

　　1）用螺钉将测量工具架固定在先固定在基准平面上的半联轴器上，在还没有连接成一体的两个半联轴器外圆，沿轴向划一直线，做上记号，并使两个半联轴器的记号处于垂直或水平位置，作为零位。

　　2）用径向百分表和端面百分表分别对好位置，径向百分表对准另一半联轴器外圆记号处，端面百分表对准其侧面记号处。

　　3）依次同时转动两根转轴，回转 0°、90°、180° 和 270°，并始终保证两个半联轴器的记号对准。分别记下两个百分表在相应四个位置上的指针相对零位处的变化值，这就是径向圆跳动量 a_1、a_2、a_3、a_4 和轴向圆跳动量 b_1、b_2、b_3、b_4。

　　4）根据这些值的情况就可以判断两轴的不对中状况，并进行调整两轴的相对位置，直到满足要求。

测量的数据是否准确，可以用 $a_1 + a_3 = a_2 + a_4$，$b_1 + b_3 = b_2 + b_4$ 等式是否成立来进行判定。若等式两边的差值大于 0.02mm，则说明测量工具安装的紧固性、工具架的刚性或者百分表出现了问题，应该查找原因，消除故障后再进行测量。在实际测量中，因位置所限而使得下方数值 "a_3、b_3" 无法直接测量时，则可用计算式求得：$a_3 = (a_2 + a_4) - a_1$；$b_3 = (b_2 + b_4) - b_1$。

4.5 轴系零件的拆装

4.5.1 轴的功能和类型

在转动和转矩的任何传递过程中，均离不开轴。由此可见，轴不仅支承带轮、齿轮、联轴器等轴上零件，并传递转动和转矩。根据轴的轴线形状不同分为直轴和曲轴，而直轴又可分为光轴与阶梯轴，如图 4-39 所示。

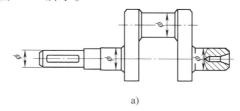

a)

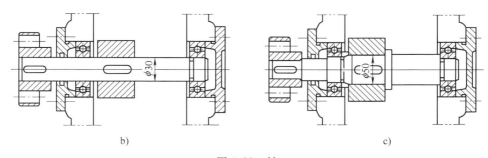

b)   c)

图 4-39　轴

a）曲轴　b）光轴　c）阶梯轴

光轴是直径没有变化的简单结构，加工容易，但不利于轴上零件的轴向定位。直径有变化的阶梯轴，与光轴比较虽然结构较为复杂，但其不仅能够对轴上的零件进行轴向定位，而且还便于轴上零件的装配和拆卸。另外，在阶梯轴直径的选择上，可以考虑在应力较大的位置处选择大直径，应力较小的位置处选择小直径，使轴符合等强度原则，从而节约材料，减轻重量。因此，在一般机械中，应用最多的是阶梯轴。为了便于装配和拆卸，以及承载的需要，大多数的阶梯轴制成中间大、两端小的结构形式，如图 4-40 所示。

一般情况下，阶梯轴主要由轴头、轴颈和轴身组成。轴头是与齿轮、联轴器等传动零件配合的轴段，如图 4-40 中的②、⑤段；轴颈是与轴承配合的轴段，如图 4-40 中的①、③段；轴身是连接轴头与轴颈的轴段，如图 4-40 中的④段。

阶梯轴的结构有：

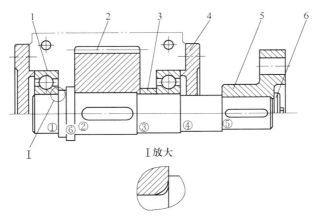

图 4-40　阶梯轴的结构形状

1—滚动轴承　2—齿轮　3—套筒　4—轴承端盖　5—联轴器　6—轴端挡圈

1）轴肩。轴肩分为定位轴肩和非定位轴肩，是轴直径变化所形成的台阶，如图 4-40 中的 I 处。

2）轴环。轴环一般用作轴向定位，是两轴肩之间距离很小且呈环状的轴段，如图 4-40 中的⑥段。

3）过渡圆角。在轴截面尺寸发生急剧变化的地方，设置过渡圆角，如图 4-40 中的放大图。过渡圆角可以减缓轴截面尺寸的变化，降低应力集中，提高轴的疲劳强度。

4）倒角。为了便于装配零件并去毛刺，轴端制出 45° 的倒角，如图 4-40 中的轴两端。

5）中心孔。轴的两端常设计有中心孔，是用来保证加工时各轴段的同轴度和尺寸精度的。

6）退刀槽。在车制螺纹的轴段上应有螺纹退刀槽，以便于加工螺纹。一般螺纹退刀槽的宽度 $b \geqslant P$（P 为螺距），如图 4-41 所示。

7）越程槽。在要进行磨削的轴段应设计有砂轮越程槽，以便于轴段的加工。一般砂轮越程槽的宽度 $b = 2 \sim 4\text{mm}$，深度 $a = 0.5 \sim 1\text{mm}$，如图 4-42 所示。

8）装配锥度。有较大过盈配合处的压入端应采用锥形结构，装配时以使配合零件能顺利地被压入，如图 4-43 所示。

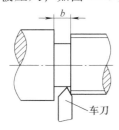

图 4-41　螺纹退刀槽

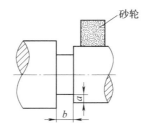

图 4-42　砂轮越程槽

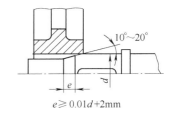

$e \geqslant 0.01d + 2\text{mm}$

图 4-43　装配锥度

4.5.2　轴上零件的定位

为确保轴能够支承轴上的零件，并传递转动和转矩正常地工作，轴上的零件相对轴沿轴线方向不能有相对的移动，沿圆周方向不能有相对的转动。因此，轴上零件沿轴向和周向要有对应的定位结构。

1. 轴上零件的轴向定位

1）轴肩定位。利用轴肩定位是最方便可靠的方法（见图4-40），但采用轴肩就必然会使轴的直径加大，而且轴肩处会因为截面突变而引起应力集中，同时轴肩过多也不利于加工。因此，轴肩定位多用于轴向力较大的场合。

2）套筒定位。套筒定位的结构简单，定位可靠，轴上不需要加工槽、孔和螺纹，因而不影响轴的疲劳强度，一般用于轴上两个零件之间的定位（见图4-40）。如两零件的间距较大，不宜采用套筒定位，以免增大套筒的质量及材料用量；套筒与轴的配合较松，如轴的转速很高时也不宜采用套筒定位。

3）圆螺母定位。圆螺母定位可以承受大的轴向力，但轴上的螺纹处有较大的应力集中，会降低轴的疲劳强度，故一般用于固定轴端的零件，它有双圆螺母、圆螺母与止动片两种形式，如图4-44所示。当轴上两零件间距离较大不宜使用套筒定位时，也常采用圆螺母定位。

4）轴端挡圈定位。适用于固定轴端零件的定位，可以承受较大的轴向力（见图4-40）。

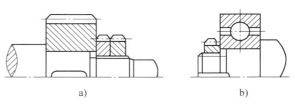

图4-44 圆螺母定位

a）双圆螺母 b）圆螺母与止动垫片

5）轴承端盖定位。轴承端盖用螺钉或榫槽与箱体连接而使滚动轴承的外圈得以轴向定位（见图4-40）。在一般情况下，整个轴的轴向定位也常利用轴承端盖来实现。

6）其他定位结构。利用弹性挡圈、紧定螺钉、锁紧挡圈及圆锥面等进行轴向定位，只适用于零件上的轴向力不大之处，如图4-45所示。紧定螺钉和锁紧挡圈常用于光轴上的零

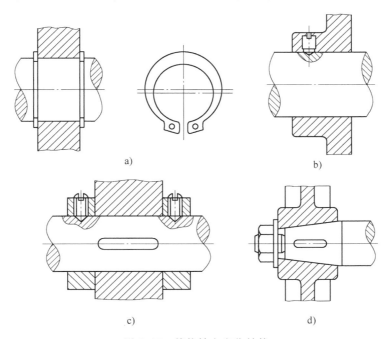

图4-45 其他轴向定位结构

a）弹性挡圈定位 b）紧定螺钉定位 c）锁紧挡圈定位 d）圆锥面定位

件定位；对于承受冲击载荷和同轴度要求较高的轴端零件，也可以采用圆锥面定位。

2. 轴上零件的周向定位

1）平键连接。平键连接是依靠键侧面的挤压来传递转矩的，键的上表面和轮毂键槽之间有间隙，平键主要有两端部圆头（A型）、平头（B型）和单圆头（C型）三种，如图4-46所示。平键连接的结构简单、装拆方便、对中性良好，用于传动精度要求较高的场合。

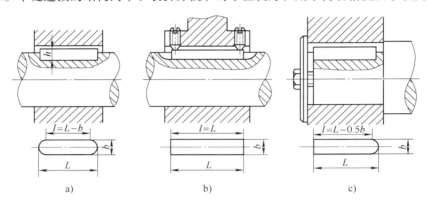

图 4-46　平键连接

a）圆头（A型）　b）平头（B型）　c）单圆头（C型）

2）花键连接。它由具有周向均匀分布多个键齿的外花键和具有同样数目键齿的内花键所组成，工作时靠键齿的侧面互相挤压传递转矩，如图4-47所示。花键的键齿数多、键槽较浅，且与轴成一体，故受力均匀，对轴和轮毂的强度削弱小，承载能力高，轴上零件与轴的对中性、导向性好，但制造成本较高，适用于定心精度要求较高和载荷较大的场合。

花键按齿形的不同，分为矩形花键和渐开线花键。矩形花键的齿廓为直线，廓形简单，连接时采用小径定心，定心的精度高，定心稳定性好，在一般机械传动装置中应用广泛。渐开线花键的齿廓为渐开线，受载时齿上有径向力，能够起自动定心作用，使各齿受力均匀，强度高。加工工艺与齿轮加工相同，容易获得较高的精度和互换性，常用于传递载荷较大、轴径较大、大批量生产的场合。

3）销连接。销连接用于轴毂间或其他零件间的连接，如图4-48所示。销连接既可以作为轴向定位，也可以作为周向定位，并能够传递较小的载荷。

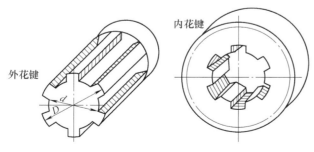

图 4-47　花键连接

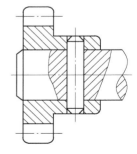

图 4-48　销连接

4）过盈配合。过盈配合是利用材料的弹性，用压入、温差或液压等方法装配，使轴和毂孔之间相互压紧，从而把两者连接起来。它既能够实现周向固定传递转矩，又能够实现轴向固定传递轴向力。

4.5.3 轴端密封

机械的输入轴或输出轴需要伸出机壳外面，与其他机械的轴连接起来传递转动和转矩。因此，若要使机械的输入轴或输出轴能自如地运转，机壳与轴之间一定存在间隙，对这一间隙的密封称为轴端密封。密封的目的在于阻止润滑剂和工作介质泄漏，防止灰尘、杂物、水分等侵入机械。轴端密封可以分为接触式密封和非接触式密封两大类。

1. 接触式密封

1）毡圈密封。将毡圈装在轴承盖的梯形槽中，并一起套在轴上，毡圈内径略小于轴的直径，利用其弹性变形后对轴表面的压力，封住轴与轴承盖之间的间隙，如图 4-49 所示。装配前，毡圈应先放在黏度稍高的油中浸渍饱和。毡圈密封的结构简单、易于更换、成本较低，但摩擦较大，易于吸潮而腐蚀轴颈，主要用于脂润滑轴承的密封。

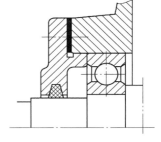

图 4-49 毡圈密封

2）唇形密封圈密封。图 4-50 所示为唇形密封圈密封的结构图。唇形密封圈一般由橡胶圈、金属骨架和弹簧圈三部分组成，依靠唇部自身的弹性和弹簧的压力压紧在轴上实现密封（见图 4-50a）；唇口对着轴承安装时主要用于防止漏油（见图 4-50b）；唇口反向安装两个密封圈时，既可以防止漏油又可以防尘（见图 4-50c）。唇形密封圈密封的效果好、易装拆，主要用于轴的线速度小于 20m/s、工作温度小于 100℃ 的油润滑的密封。

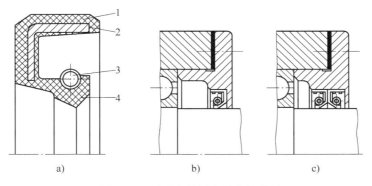

图 4-50 唇形密封圈密封的结构图
1—橡胶圈 2—金属骨架 3—弹簧圈 4—唇部

3）机械密封。机械密封又称为端面密封，如图 4-51 所示。它的动环固定在轴上，随轴转动，静环固定于机座端盖上，在弹簧压力作用下，动环与静环的端面紧密贴合，构成良好的密封。它具有密封性好、摩擦损耗小、对轴不磨损、工作寿命长和使用范围广等优点，可用于高速、高压、高温、低温或强腐蚀条件下的转轴密封。

机械运转时，需要不断地用润滑油冷却和润滑密封面，使在相对旋转的摩擦面间形成油膜，以提高其密封能力。同时，在动环与轴间有动环密封圈，在静环与机座端盖间有静环密封圈辅助密封，加强密封效果。动、静环应采用摩擦系数小的耐磨材料，且一软一硬，以减少磨损。一般动环要求强度高、不易变形，常用铸铁、硬质合金等硬材料。而静环往往用浸渍树脂或石墨制造，具有较好的自润滑性能。动、静环的密封面若有磨损，在弹簧的作用下仍然能够保持密封，有自动补偿作用，密封性能可靠。

2. 非接触式密封

1）缝隙沟槽密封。图 4-52 所示为沟槽密封的结构图。它的间隙 $\delta = 0.1 \sim 0.3\text{mm}$。为了提高密封效果，常在轴承盖孔内加工出几个环形槽，并充满润滑脂。它适用于干燥、清洁环境中的脂润滑轴承的外密封。

2）迷宫式密封。在轴承盖与轴套之间形成曲折的缝隙，构成"迷宫"，在缝隙中充填润滑脂，形成迷宫式的密封，如图 4-53 所示。这种密封无论是对油润滑还是对脂润滑，都十分可靠，且转速越高，密封效果越好。

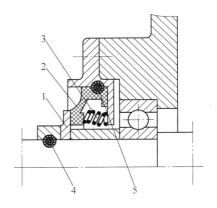

图 4-51　机械密封
1—动环　2—静环　3—弹簧
4—动环密封圈　5—静环密封圈

3）组合密封。图 4-54 所示为组合密封的结构图。在必要的场合，为了提高密封效果，也可以考虑采用组合密封方式。就是在迷宫式密封方式的基础上，组合了毡圈密封。

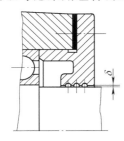

图 4-52　沟槽密封

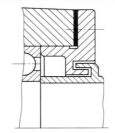

图 4-53　迷宫式密封

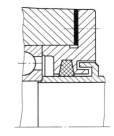

图 4-54　组合密封的结构图

4.5.4　轴系零件的拆装

轴系零件的拆装，要以恰当的方式进行。首先，轴上零件应按一定的顺序进行拆卸或装配，如图 4-55 所示。其次，要分析其传动原理，掌握各个零部件的结构特点、装配关系。由于轴系结构各不相同，轴系零件的拆装过程也不一样，因而轴系零件拆装工作中需要注意如下的一些问题：

1. 轴系零件拆卸时注意的问题

1）在拆卸前，需要先了解轴的阶梯方向，确定轴上零件的拆出方向。

2）了解轴上零件的定位是否使用了定位销、弹簧卡圈、锁紧螺母、锁紧螺钉进行定位，若有要先行拆除。

3）在拆卸轴孔装配件时，要根据图样的装配关系确定拆卸的用力程度，如果出现异常情况，应查找原因，防止在拆卸中将零件碰伤、拉毛，甚至损坏。热装零件要用加热方法来拆卸，如热装轴承，可用热油加热轴承内圈进行拆卸。一般情况下，在拆卸过程中不允许进行破坏性拆卸。

4）要坚持拆卸服务于装配的原则，拆卸中必须对拆卸过程有必要的记录，以便装配时

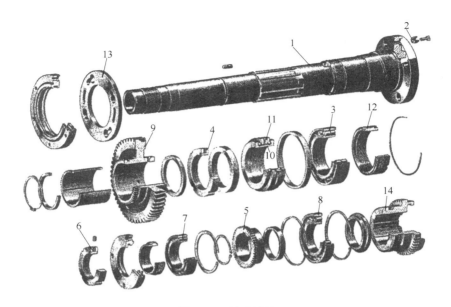

图 4-55 轴系零件

1—主轴 2—圆柱形端面键 3、7—双列圆柱滚子轴承 4、6—螺母 5、9—齿轮

8—圆柱滚子轴承 10、12—隔套 11—弹簧卡圈 13—锁紧盘 14—滑移齿轮

按照"先拆后装"的原则重新装配。在拆卸中为防止搞乱关键件的装配关系和配合位置,避免重新装配时降低精度,应该在装配件上做好明显的标记,如齿轮的放置方位不能对掉,否则会影响与另一齿轮的啮合。对于拆卸出来的轴类零件应该悬挂起来,防止弯曲变形。

2. 轴系零件装配时注意的问题

1)装配的零件要干净,在装配过程中要保持零件干净,凡是装配面一般都要用干净手在整个面上进行触摸,防止棉绒毛、铁屑、砂土等脏物进入装配面内,影响装配质量。

2)装配必须按程序进行,后拆卸的零件要先装配。

3)按配合关系装配轴孔装配件,间隙配合一般应具有较小的允许间隙,使零件间滑动灵活。过盈配合要根据零件的配合性质,选择压力机压入装配、温差法装配,过盈量较小的小直径零件,也可以用锤子借助铜棒或衬垫敲击压入件进行装配。

4)平键连接中,一般要求键在轴槽中固定,在轮毂孔中滑动。

3. 主轴轴承装配后的径向圆跳动检测

把检测用的检验棒安装在主轴的锥形孔中,在恰当的位置装好百分表,给百分表测头一定的压缩量并调整好零位,如图 4-56 所示。先检测 a 点,让主轴以一定的转速旋转,观察百分表指针的跳动情况,百分表指针跳动的最大值与最小值之差,就是径向圆跳动的误差。一般主轴装配后的径向圆跳动需要检测两个位置,也就是图 4-56 中的 a 点和 b 点位置,a 点要求最大径向圆跳动量不超过 $0.01\,\text{mm}$,b 点要求最大径向圆跳动量不超过 $0.02\,\text{mm}$。

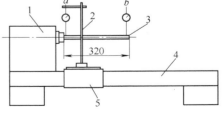

图 4-56 主轴轴承径向圆跳动检测示意图

1—主轴箱 2—表座 3—检验棒

4—导轨 5—溜板箱

1. 导轨副连接结构的组合形式有哪些?
2. 斜齿圆柱齿轮副的正确啮合条件是什么?
3. 轴上零件的轴向定位和周向定位方法有哪些?

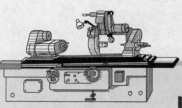

第5章

卧式车床的主要部件结构

图 5-1 所示为 CA6140 型卧式车床的外形图。它主要由进给箱 1、主轴箱 2、刀架部件 3、床鞍 4、尾座 5、床身 7 和溜板箱 8 等部件组成，用于加工各种回转表面（内外圆柱面、圆锥面、成形回转面等）和回转体的端面。由于大多数机械零件都具有回转表面，加上卧式车床的万能性又较广，因而在一般机械制造厂中，其应用极为普遍，在机床总数中所占的比重最大。

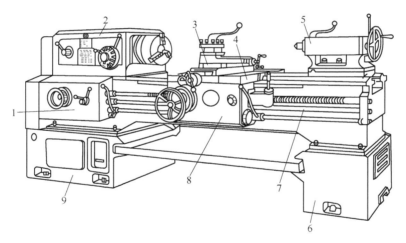

图 5-1 CA6140 型卧式车床的外形图

1—进给箱 2—主轴箱 3—刀架部件 4—床鞍 5—尾座 6—右床腿 7—床身 8—溜板箱 9—左床腿

主轴箱 2 固定在床身 7 的左边，它的功用是支承主轴并传动主轴，使主轴带动工件按照规定的转速旋转，以实现主运动。进给箱 1 固定在床身 7 的左前侧，它是进给运动传动链中的传动比变换装置，其功用是改变被加工螺纹的螺距或机动进给的进给量。溜板箱 8 固定在床鞍 4 的下面，可带动刀架部件 3 一起做纵向运动。溜板箱的功用是把进给箱传来的运动传递给刀架部件，使其实现纵向进给、横向进给、快速移动或车削螺纹。刀架部件 3 安装在床鞍 4 的上面，它由若干层刀架组成，其功用是装夹刀具，并使刀具做纵向、横向或斜向的运动。尾座 5 安装在床身 7 的导轨上，并可沿床身导轨纵向调整位置。尾座的功用是用后顶尖支承工件，并可以安装钻头等孔加工刀具，以进行孔加工。床身 7 固定在左床腿 9 和右床腿 6 上，它是卧式车床的基本支承件，在其上安装着卧式车床的各个主要部件。床身的功用是支承各主要部件，并使它们在工作时保持准确的相对位置。

主轴箱的功用是支承主轴和传动其旋转，并使其实现起动、停止、变速和变向等。因此，主轴箱中通常包含有主轴及其轴承、传动机构、起动和停止以及换向装置、制动装置、操纵机构和润滑装置等。

5.1.1　传动机构

主轴箱中的传动机构包括定比机构和变速机构两部分，定比机构仅用于传递运动和动力，或进行升速、降速，一般采用齿轮传动副。变速机构用来使主轴变速，通常采用滑移齿轮变速机构，其结构简单紧凑，传动效率高；当变速齿轮为斜齿轮或其尺寸较大时，则采用离合器变速。

为了研究主轴箱中各传动件的结构、形状和装配关系以及传动轴的支承结构等，常采用主轴箱展开图。它基本上按主轴箱各传动轴传递运动的先后顺序，沿其轴线取剖切面展开而绘制成的平面装配图。图 5-2 所示为 CA6140 型卧式车床的主轴箱展开图（Ⅰ～Ⅵ轴结构）。由于展开图是把立体的传动结构展开在一个平面图上，其中有些轴之间的距离被拉开了，从而使某些原来相互啮合的齿轮副分开了。这在利用展开图分析传动件的传动关系时，是必须要注意的。

1. 卸荷式带轮

为了改善主轴箱运动输入轴的工作条件，并使传动平稳，主轴箱运动输入轴上的 V 带轮常采用卸荷结构。主轴箱的运动由电动机经 V 带传入（见图5-2），V 带轮1 与花键套筒2 用螺钉连接成一体，支承在法兰3 内的两个深沟球轴承上，而法兰3 则固定在主轴箱体4 上。这样，V 带轮1 可通过花键套筒2 带动轴Ⅰ旋转，而 V 带的张力经法兰3 直接传到箱体4，轴Ⅰ便不至于受横向力的作用而产生弯曲变形，提高了传动的平稳性。

2. 传动齿轮

主轴箱中的传动齿轮大多数是直齿圆柱齿轮，为了使传动比较平稳，也有某些传动齿轮采用斜齿圆柱齿轮。多联滑移齿轮或者由整块材料制成，或者由几个齿轮拼装而成。齿轮和传动轴的连接情况，有固定的、滑移的和空套的三种。固定齿轮、滑移齿轮与轴通常采用花键连接，固定齿轮有时也采用平键连接。固定齿轮和空套齿轮的轴向固定，常采用弹性挡圈、轴肩、隔套、轴承内圈和半圆环等。为了减少零件的磨损，空套齿轮和传动轴之间，或者装有滚动轴承，或者装有铜套；另外，空套齿轮的轮毂上钻有油孔，以便于润滑油流入摩擦面之间。

3. 传动轴的支承结构

主轴箱中的传动轴由于转速较高，一般采用深沟球轴承或圆锥滚子轴承支承。常用的是双支承结构，就是在轴的两端各有一个支承；但对较长的传动轴，为了提高其刚度，则采用三支承结构。例如，轴Ⅲ、轴Ⅵ的两端各装有一个圆锥滚子轴承，在中间还装有一个（或两个）深沟球轴承作为附加支承。

传动轴通过轴承在主轴箱体上的轴向定位方法，有一端定位和两端定位两种。图 5-2 中

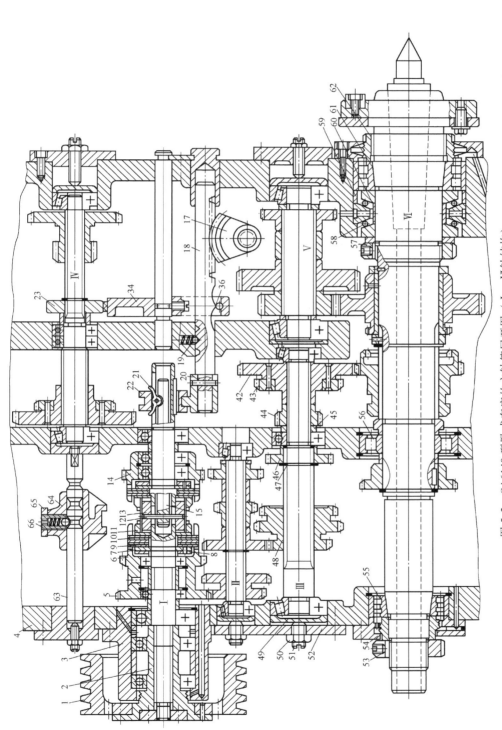

图 5-2　CA6140 型卧式车床的主轴箱展开图（Ⅰ~Ⅵ轴结构）

1~Ⅴ—带轮　2—花键套筒　3—法兰　4—箱体　5—双联齿轮　6、7—止推环　8、12、28—销子　9—内摩擦片　10—外摩擦片　11—调整螺母　13—滑套　14—单联齿轮　15、39—拉杆　16—弹簧定位销　17—挡圈　18—齿条轴　19—弹簧钢球　20、64—拨叉　21—元宝形垫块　22、25、51—制动轮　24、25、51—制动轮　26—偏心凸轮　27、57、62—螺母　29—螺母　30、45—箱盖　31—垫圈　32—调节螺母　33—拨叉　34—制动钢带　37—操纵手把　38—偏心凸轮　40—偏心块　41—垂直轴　42、43、44、46—齿轮　47—弹簧卡圈　48—三联滑移齿轮　49—压盖　50、53—锁紧螺母　52—轴承盖　54、59—隔套　55—后轴承　56—中间轴球轴承　58—双列推力球轴承　60—调整垫圈　61—前轴承　63—导向轴　66—调节螺钉　（图中件16、件24~41未标出）

87

的轴Ⅰ为一端定位，轴Ⅰ的左端螺纹与压盖用螺纹连接，而压盖又用螺钉固定在花键套筒2上，花键套筒2支承在法兰3内的两个深沟球轴承上，其左边轴承内圈分别固定在轴Ⅰ上和花键套筒2上，外圈固定在法兰3内。作用于轴Ⅰ上的轴向力通过轴承内圈、滚动体和外圈传到法兰3，并继续传到主轴箱体，使轴Ⅰ实现轴向定位。轴Ⅴ是两端定位，向左的轴向力通过左边的圆锥滚子轴承，直接作用于箱体轴承孔台肩上，向右的轴向力由右端圆锥滚子轴承经压盖、螺钉和盖板而传到箱体。利用右端的螺钉可以调整左、右两个圆锥滚子轴承外圈的相对位置，使轴承保持适当的间隙，以保证其正常工作。

5.1.2　双向多片离合器和制动器的结构

图5-3所示为轴Ⅰ上的多片离合器结构。双向多片离合器安装在轴Ⅰ上，它实际上是结

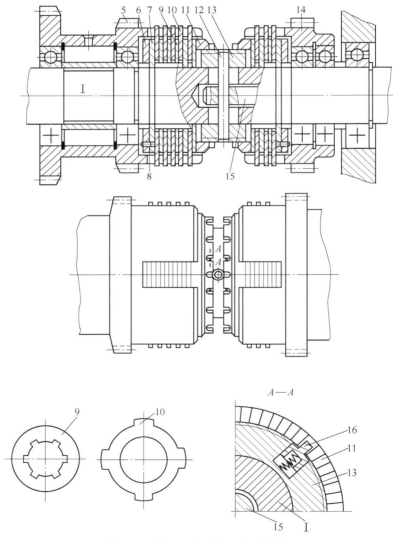

图5-3　轴Ⅰ上的多片离合器结构

5—双联齿轮　6、7—止推环　8、12—销子　9—内摩擦片　10—外摩擦片　11—调整螺母

13—滑套　14—单联齿轮　15—拉杆　16—弹簧定位销

构相同但摩擦片数量不同的两组摩擦离合器，左边一组用于接通或断开主轴的正转运动，右边一组用于接通或断开主轴的反转运动。

左边一组的多片离合器结构是：带离合器套筒的双联齿轮 5 由两个深沟球轴承支承在轴Ⅰ上，外摩擦片 10 以其内孔空套在轴Ⅰ的花键外径上，而以其外径上四个均匀布置的凸键卡在双联齿轮套筒相应的四个轴向槽中；内摩擦片 9 以花键孔与轴Ⅰ上的花键连接，其外径略小于双联齿轮套筒的内孔直径；内、外摩擦片相间安装。止推环 6 和止推环 7 类似内摩擦片，有一花键孔。安装时，先把止推环 7 装到轴Ⅰ的沉割槽处之后，将它转动半个花键齿距（这时，止推环 7 就不再能轴向移动了），然后把止推环 6 装上并紧靠止推环 7，再用销子 8 使两者销在一起。这时，两者既不能相对于轴Ⅰ转动（由止推环 6 限制），又不能做轴向移动（由止推环 7 限制），从而构成了摩擦片组的一个止推环，以承受摩擦片被压紧工作时的轴向力。

两组离合器中间装有一个带外螺纹的滑套 13，铣有许多轴向槽的调整螺母 11 以其内螺纹与滑套 13 连接，滑套 13 由销子 12 通过轴Ⅰ上的径向槽与拉杆 15 相连接。如果拉杆 15 受外力作用向左移动，使销子 12、滑套 13 连同调整螺母 11 一起向左移动，由调整螺母 11 的端平面压紧内、外摩擦片，依靠内、外摩擦片间的摩擦力传递转矩，使轴Ⅰ的运动传给双联齿轮 5。通过调整螺母 11 可以调整摩擦片之间的间隙大小，也就是调整其传递转矩的能力。为了防止调整螺母 11 在工作时自动松开，由弹簧定位销 16（见图 5-3 的 A—A 剖面）插入调整螺母 11 的轴向槽中定位。

拉杆 15 的外力作用来自操纵手把 37，如图 5-4 所示。当机床操作者向上扳动操纵手把 37 时，通过由偏心凸轮 38、拉杆 39、偏心块 40 组成的杠杆机构使垂直轴 41 和扇形齿板 17 顺时针转动，传动齿条轴 18 向右移动，经拨叉 20（见图 5-2）拨动滑套 22 向右移动。由于轴Ⅰ的右端是空心的，其上的通槽中用圆柱销连接着一元宝形摆块 21，且元宝形摆块的下端弧形尾部卡在拉杆 15 的缺口槽中。因而，当滑套 22 向右移动时（滑套 22 内孔的两端带有锥面），元宝形摆块 21 的右端被压，绕圆柱销顺时针摆动，其弧形尾部便拨动拉杆 15 向左移动，从而使左边一组的多片离合器压紧工作。同理，当向下扳动操纵手把 37 时，右边一组的多片离合器压紧工作。当操纵手把 37 处于中间位置时，则两组的多片离合器均处于断开状态。

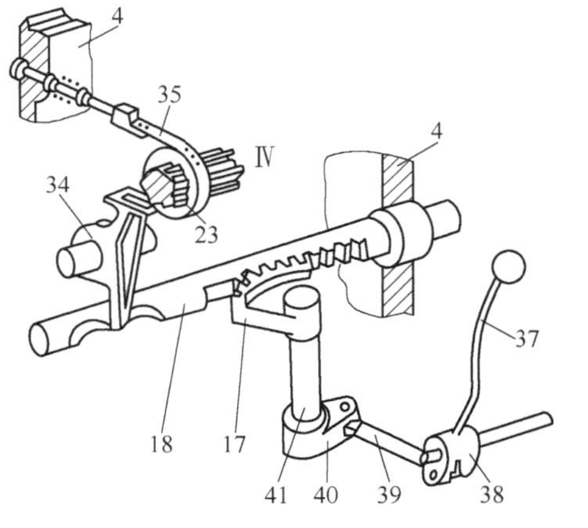

图 5-4 摩擦离合器及制动器的操纵机构
4—箱体 17—扇形齿板 18—齿条轴 23—制动轮
34—制动杠杆 35—制动钢带 37—操纵手把
38—偏心凸轮 39—拉杆 40—偏心块 41—垂直轴

轴Ⅳ上装有制动轮 23，在制动杠杆 34 上用螺钉固定一制动钢带 35，如图 5-5 所示。制动钢带与制动轮之间夹有摩擦系数较大的革带，组成制动器。调节箱体 4 上的调节螺柱 32，便可以调整制动钢带对制动轮的抱紧程度。

多片离合器和制动器的工作是互相配合的，且都由操纵手把 37 控制。当两组多片离合器之一压紧工作时，制动杠杆 34 尾部的钢球 36 刚好处于齿条轴 18 的低凹处，放松了制动钢带 35，使其不起制动作用。当两组多片离合器均放松不工作时，制动杠杆 34 尾部的钢球 36 处于齿条轴 18 的高凸处，推动制动杠杆 34 逆时针摆动而使制动钢带 35 抱紧制动轮 23，依靠其产生的摩擦力克服主轴的惯性而立即停止转动。

机床工作时，可能产生主轴转速缓慢下降和闷车现象，或者产生主轴制动不灵现象。这是由于摩擦片间的间隙过大、压紧力不足，不能传递足够的转矩，致使摩擦片间产生打滑，这种打滑会使摩擦片急剧磨损、发热，使得主轴箱内的传动件温度上升，严重时甚至会影响机床正常工作；还有的是由于摩擦片间的间隙过小，不能完全脱开，这也会造成摩擦片间的相对打滑和发热现象；或者由于制动钢带太松，不起制动作用，主轴由于惯性作用而仍然继续转动。

机床工作时出现的这些现象，如果是属于离合器的问题，则需要调整离合器摩擦片间的

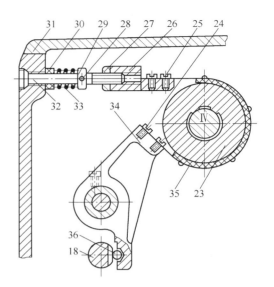

图 5-5　制动器结构原理图

18—齿条轴　23—制动轮　24、25—螺钉　26—连接块　27—螺母　28—销子　29—挡圈　30—垫圈　31—箱盖　32—调节螺柱　33—弹簧　34—制动杠杆　35—制动钢带　36—钢球

间隙大小，其方法是用螺钉旋具将弹簧定位销 16 从调整螺母 11 的轴向槽中压下并拨动调整螺母 11 转过一个槽距，再压下一次弹簧定位销 16，再转过一个槽距，直到间隙合适为止。如果是属于制动器的问题，则需要调整箱体 4 上的调节螺柱 32，以调整制动钢带 35 对制动轮 23 的抱紧程度。

5.1.3　主轴部件结构及轴承调整

主轴采用三支承结构，前支承的轴承 61 和后支承的轴承 55 分别为 D3182121 和 E3182115 双列短圆柱滚子轴承，中间支承的轴承 56 为 E32216 单列向心短圆柱滚子轴承（见图 5-2）。在靠前支承的轴承处装有 60° 角接触的双列推力球轴承 58，以承受左、右两个方向的轴向力。轴承的间隙对主轴的回转精度影响很大，使用中由于磨损导致间隙增大时，需要及时进行调整。对前轴承 61 的调整是先松开螺母 62，再松开螺母 57 上的紧定螺钉，然后拧动螺母 57，使主轴相对于轴承向左移，在 1:12 锥形轴颈作用下，使薄壁的轴承内圈产生径向弹性变形而消除滚子与内、外圈之间的间隙。调整完毕后，必须拧紧螺母 62 和螺母 57 上的紧定螺钉。对后轴承 55 的调整则是先松开锁紧螺母 53 上的紧定螺钉，然后拧动锁紧螺母 53，经隔套 54 推动轴承内圈在 1:12 轴颈上右移而消除轴承的间隙。调整完毕后，必须拧紧锁紧螺母 53 上的紧定螺钉。中间轴承 56 不能调整。双列推力球轴承 58 事先已调整好，如工作以后由于间隙增大需要调整时，可以通过磨削减小两内圈间的调整垫圈 60 的厚度来达到消除间隙的目的。

主轴是一空心阶梯轴，中心有一直径为 $\phi48\text{mm}$ 的通孔，可以使长棒料通过，也可以用来通过钢棒卸下顶尖，或用于通过气动或液动夹具的传动管。主轴前端有精密的莫氏 6 号锥

孔，供安装顶尖、心轴或车工夹具。主轴端为短锥法兰式结构，如图5-6所示。它以短锥体和轴肩端面定位，用四个螺柱将卡盘或拨盘固定在主轴上，由主轴轴肩端面上的圆柱形端面键传递转矩（图5-6中未画出）。安装时，使拨盘或卡盘座4上的四个螺柱5及其螺母6通过主轴轴肩3及锁紧盘2的孔，然后将锁紧盘2转动一个角度，使螺柱5处于锁紧盘2的沟槽内，并拧紧螺钉1及螺母6，就可以使卡盘或拨盘可靠地安装在主轴的前端。

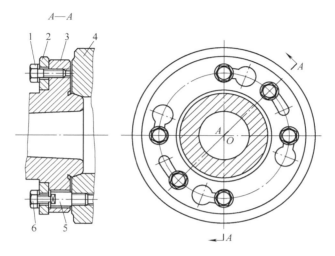

图5-6　卡盘及拨盘的安装

1—螺钉　2—锁紧盘　3—主轴轴肩　4—卡盘座　5—螺柱　6—螺母

5.1.4　Ⅱ-Ⅲ轴上的六级变速操纵机构

图5-7所示为Ⅱ-Ⅲ轴上的六级变速操纵机构示意图。在主轴箱中变换Ⅱ轴上的双联滑移齿轮块和Ⅲ轴上的三联滑移齿轮块的工作位置，可以使Ⅲ轴获得六级不同的转速。当转动手柄9一转时，通过链条8可使轴7上的曲柄5和盘形凸轮6同时转动一转。固定在曲柄5上的销子4上装有一滑块，它插在拨叉3的长槽中。因此，当曲柄5带着销子4做圆周运动（公转）时，拨动拨叉3做左、中、右位置的变换。盘形凸轮6端面上的封闭曲线槽由不同半径的两段圆弧和过渡直线组成，每段圆弧的中心角稍大于120°。当盘形凸轮6转动时，曲线槽迫使杠杆11上的圆销10带动杠杆11摆动，使拨叉12改变左、右位置。

当顺序地转动手柄9，并每次转动60°时，曲柄5上的销子4依次地处于a、b、c、d、e、f六个位置，使三联滑移齿轮块2由拨叉3拨动分别处于左、中、右、右、中、左六个工作位置（见图5-7b～图5-7g）；同时，盘形凸轮6的曲线槽使杠杆11上的圆销10相应地处于a'、b'、c'、d'、e'、f'六个位置，使双联滑移齿轮块1由拨叉12拨动分别处于左、左、左、右、右、右六个工作位置（见图5-7b～图5-7g），实现Ⅲ轴上六级变速的组合情况，见表5-1。

5.1.5　润滑装置

为了保证机床正常工作和减少零件磨损，主轴箱中的轴承、齿轮、摩擦离合器等都必须进行良好的润滑。图5-8所示为CA6140型卧式车床主轴箱的润滑系统示意图。油泵3安装

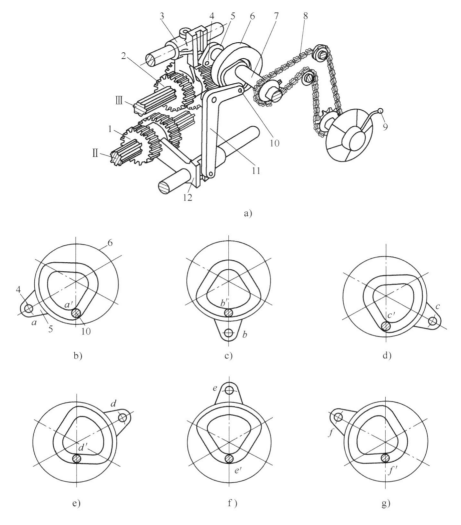

图 5-7　Ⅱ-Ⅲ轴上的六级变速操纵机构示意图

1—双联滑移齿轮块　2—三联滑移齿轮块　3、12—拨叉　4—销子　5—曲柄
6—盘形凸轮　7—轴　8—链条　9—手柄　10—圆销　11—杠杆

表 5-1　Ⅲ轴上六级变速的组合情况

曲柄 5 上的销子 4 的位置	a	b	c	d	e	f
三联滑移齿轮块 2 的位置	左	中	右	右	中	左
杠杆 11 下端圆销 10 的位置	a'	b'	c'	d'	e'	f'
双联滑移齿轮块 1 的位置	左	左	左	右	右	右
齿轮工作情况	$\frac{39}{41} \times \frac{56}{38}$	$\frac{22}{58} \times \frac{56}{38}$	$\frac{30}{50} \times \frac{56}{38}$	$\frac{30}{50} \times \frac{51}{43}$	$\frac{22}{58} \times \frac{51}{43}$	$\frac{39}{41} \times \frac{51}{43}$

在左床腿内，由主电动机经 V 带传动。润滑油装在左床腿中的油池里，由油泵经网式过滤器 1 吸入后，经油管 4、精过滤器 5 和油管 6 输送到分油器 8。分油器 8 上装有三根输出油管，其中油管 7 和油管 9 分别对轴 I 上的多片离合器和主轴前轴承进行单独供油，以保证其

充分的润滑和冷却；另一油管 10 则通向油标 11，以便观察检查润滑系统的工作情况。分油器 8 上还钻有很多径向油孔，具有一定压力的润滑油从油孔向外喷射时，被高速旋转的齿轮溅到各处，对主轴箱的其他传动件及操纵机构等进行溅油润滑。从各润滑面流回的润滑油集中在主轴箱底部，经回油管 2 流入左床腿的油池中。

这一油泵供油循环润滑系统采用箱外循环方式，主轴箱中因摩擦而产生的热量由润滑油带到箱体外面，冷却后再送入箱体内，因而可降低润滑油油温和主轴箱温升，减少主轴箱热变形，有利于保证机床的加工精度。此外，还可使主轴箱内的脏物及时排出，减少主轴箱内部传动件的磨损。

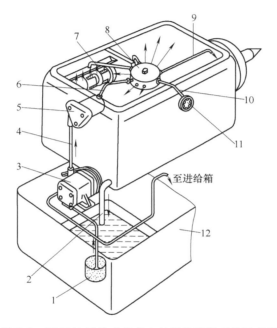

图 5-8　CA6140 型卧式车床主轴箱的润滑系统示意图

1—网式过滤器　2—回油管　3—油泵　4、6、7、9、10—油管　5—精过滤器　8—分油器　11—油标　12—左床腿

5.2　进给箱

进给箱的功用是变换被加工螺纹的种类和导程，以及获得所需要的各种机动进给量。它通常由变换螺纹导程和进给量的变速机构、变换螺纹种类的移换机构、丝杠和光杠转换机构以及操纵机构等几个部分组成。进给箱中的变速机构分为基本螺距机构和增倍机构两部分，增倍机构一般都采用滑移齿轮变速机构，基本螺距机构则采用双轴滑移齿轮机构（也有采用摆移齿轮机构或三轴滑移公用齿轮机构的）。

5.2.1　双轴滑移齿轮机构

图 5-9 所示为 CA6140 型卧式车床进给箱的结构图。它的基本螺距机构为双轴滑移齿轮机构，其中轴 ⅩⅣ 上的每一滑移齿轮都需分别与轴 ⅩⅢ 上的两个轴向固定齿轮相啮合，加之两轴间的八种传动比又必须按严格的规律排列，因而为使所有相互啮合的齿轮中心距相等，

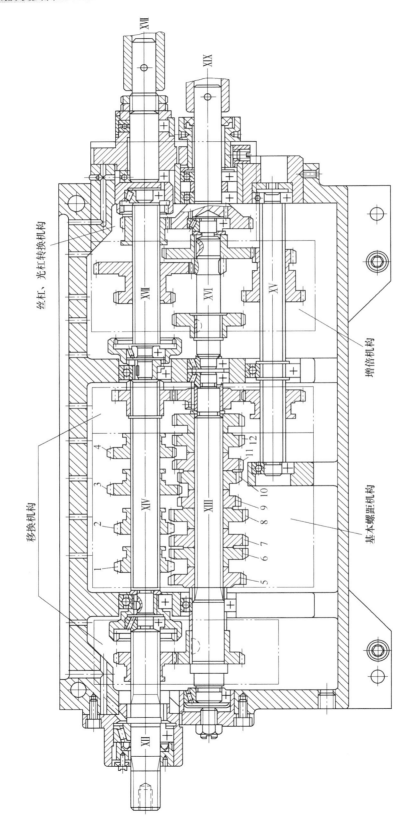

图 5-9　CA6140 型卧式车床进给箱的结构图

1～4—滑移齿轮　5～12—轴向固定齿轮

必须采用不同模数和适当的变位系数的齿轮。基本螺距机构齿轮的齿数、模数及其变位系数见表5-2。

表 5-2 基本螺距机构齿轮的齿数、模数及其变位系数

齿轮编号	1	2	3	4	5	6	7	8	9	10	11	12
齿数	14	21	28	28	19	20	36	33	26	28	36	32
模数/mm	3.75	2.25	2.25	2	3.75	3.75	2.25	2.25	2.25	2.25	2	2
变位系数	+0.159	0	0	+0.244	+0.16	-0.349	-0.465	+1.124	+1.124	0	-0.711	+1.5

5.2.2 基本螺距机构的变速操纵机构

图5-10所示为进给箱基本螺距机构的变速操纵机构图。轴ⅩⅣ上的四个单联滑移齿轮

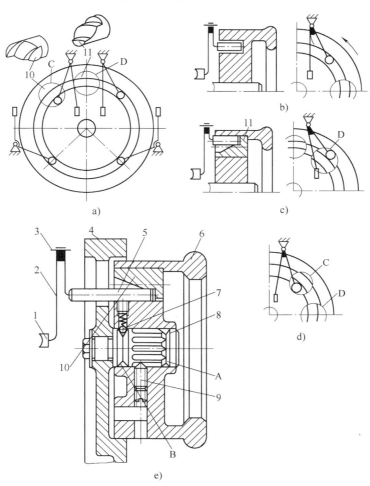

图 5-10 进给箱基本螺距机构的变速操纵机构图

a）原理图 b）中间空档位置 c）右边啮合位置 d）左边啮合位置 e）结构简图

1—拨叉 2—杠杆 3—轴销（杠杆回转支点） 4—前盖 5—圆柱销 6—手轮 7—钢球 8—轴

9—定位螺钉 10、11—压块 A、B—环形Ｖ形槽 C、D—圆孔

（见图 5-9）由一个手轮 6 通过四个杠杆 2 集中操纵。杠杆 2 可绕固定在进给箱前盖 4 上的轴销 3 摆动，它的一端装有拨叉 1，用以拨动滑移齿轮移换位置，另一端装有圆柱销 5，它通过前盖 4 上的腰形孔，插入手轮 6 背面的环形槽中。环形槽上有两个相隔 45°、直径大于槽宽的圆孔 C 和 D，孔内分别装有带斜面的压块 10 和 11（见图 5-10a），其中压块 10 的斜面向里，压块 11 的斜面向外。当转动手轮 6 至不同位置，利用压块 10 和 11 以及环形槽，可以控制圆柱销 5 处于不同的三个径向位置上，并通过杠杆 2、拨叉 1 使单联滑移齿轮移换左、中、右三种不同的位置（见图 5-10d、图 5-10b、图 5-10c）。当圆柱销 5 在环形槽中时，滑移齿轮处于中间空档位置；当圆柱销 5 在孔 C 或 D 中时，滑移齿轮移换至左位或右位，与相应的轴向固定齿轮啮合。

手轮 6 套在固定于前盖 4 上的轴 8 上，轴 8 上沿圆周均匀分布有八条轴向 V 形槽，可使手轮 6 做周向定位，轴 8 左、右两端各有一环形 V 形槽 B 和 A，通过钢球 7 在 B 槽中使手轮做轴向定位，只有将手轮向右轴向拉出使定位螺钉 9 处于 A 槽位置时才能转动手轮。利用轴 8 上沿圆周均匀分布的八条轴向 V 形槽以及拧紧在手轮 6 上的定位螺钉 9，手轮可转动八个等分的定位位置，每一位置之间的间隔为 45°。

由于四个圆柱销 5 均匀地分布在手轮 6 的环形槽中，因此手轮 6 转动到不同的定位位置时，总有一个圆柱销 5 在压块 10 和 11 的作用下靠向圆孔 C 的里侧或者圆孔 D 的外侧，使由其控制的滑移齿轮处在啮合位置，而其余三个圆柱销 5 则都处于环形槽中，使由其控制的滑移齿轮处于各自的中间空档位置，从而利用一个手轮就可以控制变换八种传动比。

变速时，需先将手轮 6 向外拉出，使定位螺钉 9 随之外移到轴 8 右端的环形槽 A 中，然后才能转动手轮。当其转动到所需位置后，再将其推入，使定位螺钉 9 插在轴 8 的轴向定位槽内，弹簧使钢球 7 嵌在环形 V 形槽 B 内，使手轮实现周向和轴向定位。图 5-11 所示为基本组操纵机构的立体图。

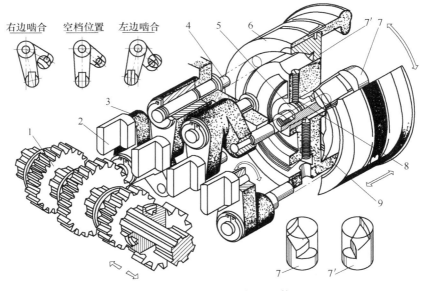

图 5-11　基本组操纵机构的立体图

1—滑移齿轮　2—拨叉　3—杠杆　4—轴销（杠杆回转支点）　5—轴
6—手轮　7、7′—压块　8—钢球　9—定位螺钉

5.2.3 光杠、丝杠转换的操纵机构工作原理

图 5-12 所示为光杠、丝杠转换的操纵机构工作原理图，操纵机构是由空心轴 3 上的手柄来操纵的（图中未画出）。在空心轴 3 上固定一盘形凸轮 2，盘形凸轮 2 的端面上有一偏心圆槽。用于转换米、英制传动路线的杠杆 4、5、6 中的杠杆 4 上的滚子装在偏心圆槽中，用于转换光杠、丝杠工作的杠杆 1 上的滚子也装在偏心圆槽中。偏心圆槽的 a 点和 b 点与凸轮的回转中心距相等（等于 l），c 点和 d 点与凸轮的回转中心距也相等（等于 L）。如扳动手柄使空心轴 3 带动凸轮处于四个不同位置，就可以分别用米制或英制螺纹的传动路线传动丝杠或光杠。米制、英制螺纹和进给转换情况见表 5-3。

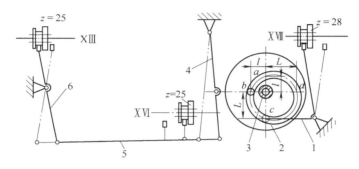

图 5-12 光杠、丝杠转换的操纵机构工作原理图

1、4、5、6—杠杆 2—盘形凸轮 3—空心轴（在空心孔内装有另一操纵轴）

表 5-3 米制、英制螺纹和进给转换情况

凸轮所处位置 滑移齿轮位置	a 点	b 点	c 点	d 点
左 $z = 25$	左	左	右	右
中 $z = 25$	右	右	左	左
右 $z = 28$	右	左	左	右
进给情况	接通米制路线，丝杠进给	接通米制路线，光杠进给	接通英制路线，光杠进给	接通英制路线，丝杠进给

5.2.4 增倍变速组传动比及精密螺纹加工转换的操纵机构工作原理

图 5-13 所示为增倍变速组传动比及精密螺纹加工转换的操纵机构工作原理图。轴 3 上固定一大齿轮 2，它与小齿轮 4 相啮合，其齿数比为 2:1。因此，大齿轮 2 转 60°时，小齿轮 4 转 120°。圆柱销 1 和圆柱销 5 分别偏心地安装在大齿轮 2 及小齿轮 4 上，通过拨叉分别操纵轴 XⅧ 上的双联滑移齿轮做左、中、右三个工作位置的变换，以及轴 XⅥ 上的双联滑移齿轮做左、右两个工作位置

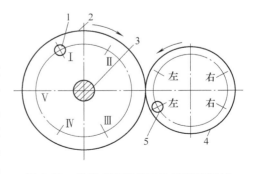

图 5-13 增倍变速组传动比及精密螺纹加工转换的操纵机构工作原理图

1、5—圆柱销 2—大齿轮 3—轴 4—小齿轮

的变换（轴 XVIII、轴 XVI 见图 5-9）。扳动手柄使轴 3 带动大齿轮 2 及圆柱销 1 按 Ⅰ、Ⅱ、Ⅲ、Ⅳ、Ⅴ 的顺序转动（其中，由位置 Ⅰ 至 Ⅱ 时转 60°，由 Ⅱ 至 Ⅲ 时转 120°，其余位置转 60°）。增倍变速组传动比及精密螺纹加工的转换情况见表 5-4。

表 5-4　增倍变速组传动比及精密螺纹加工转换情况

圆柱销 1 的位置 齿轮的位置	Ⅰ	Ⅱ	Ⅲ	Ⅳ	Ⅴ
轴 XⅧ上双联齿轮	中	右	右	中	左
轴 XⅥ上双联齿轮	左	右	左	右	中
增倍变速组的总传动比	$\dfrac{28}{35} \times \dfrac{35}{28} = 1$	$\dfrac{18}{45} \times \dfrac{15}{48} = \dfrac{1}{8}$	$\dfrac{28}{35} \times \dfrac{15}{48} = \dfrac{1}{4}$	$\dfrac{18}{45} \times \dfrac{35}{28} = \dfrac{1}{2}$	接通加工精密螺纹的离合器

5.3　溜板箱

5.3.1　超越离合器的结构及工作原理

溜板箱中的超越离合器 M_9 是实现刀架快慢速自动转换的机构，如图 5-14 所示。光杠 XX 安装在光杠支架上，光杠的运动经齿轮 1、齿轮 2 传动到齿轮 5，使超越离合器 M_9 开始工作。超越离合器 M_9 由齿轮 5（它作为离合器 M_9 的外壳）、三个滚柱 4（见 A—A 剖面）、三个弹簧销 15 和星形体 3 组成。星形体 3 空套在轴 XⅫ上，而齿轮 5 又空套在星形体 3 上。当慢速逆时针旋转的运动传给齿轮 5 后，在弹簧销的作用下并依靠滚柱 4 与齿轮 5 内孔孔壁之间的摩擦力使滚柱滚向楔缝，并楔紧在齿轮 5 内孔与星形体 3 之间，从而带动星形体做逆时针转动，经平键 11、件 7 及 8 组成的安全离合器 M_8 而把运动传给轴 XⅫ；当慢速顺时针旋转的运动传给齿轮 5，则滚柱 4 顺时针滚向楔缝的宽敞处并压缩弹簧 16，星形体 3 得不到顺时针的旋转运动。由此可知，如果光杠传来的运动方向改变，使星形体 3 得不到顺时针的旋转运动，则刀架将得不到进给运动。

轴 XⅫ右端装有一快速辅助电动机。在齿轮 5 的慢速逆时针旋转运动继续转动的同时，如起动快速电动机，则它的快速运动经 $\dfrac{13}{29}$ 齿轮副及安全离合器 M_8、平键 11 而使星形体 3 做逆时针的快速旋转运动。由于星形体 3 的快速逆时针转动超越于齿轮 5 的慢速逆时针转动，滚柱 4 同样滚向楔缝的宽敞处，使星形体 3 和齿轮 5 各自的运动互不影响，即使快速运动超越于慢速运动而不产生矛盾。快速电动机是由接通纵、横向进给运动的操纵手把上的点动按钮来点动控制的，当快速电动机停止转动时，在弹簧销 15 和摩擦力的作用下，滚柱 4 又滚向楔缝并楔紧于齿轮 5 和星形体 3 之间，慢速运动又正常接通。由此可知，超越离合器 M_9 主要用于有快、慢两个运动交替传动的轴上，以实现运动的快、慢速自动转换。

5.3.2　安全离合器的结构及其调整

在刀架机动进给过程中，如进给抗力过大或刀架移动受到阻碍时，安全离合器 M_8 能自动断开轴 XⅫ的运动，使自动进给停止，起过载保护作用。安全离合器 M_8 由端面带螺旋齿

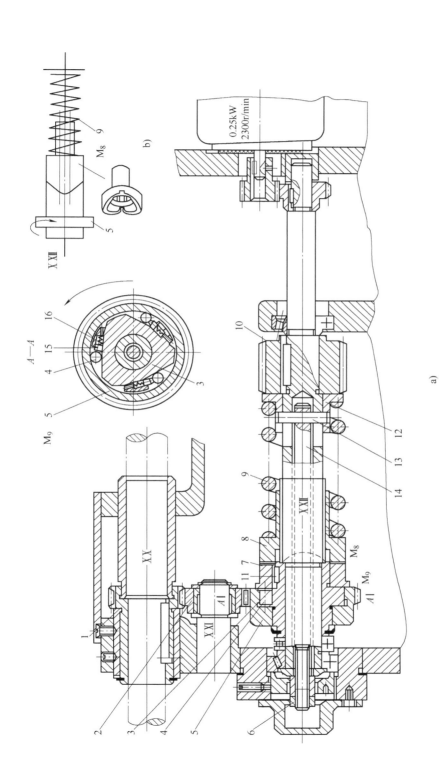

图 5-14 溜板箱轴 ⅩⅩ 至轴 ⅩⅫ 的结构

1、2—齿轮 3—星形体 4—滚柱 5—齿轮（M_9 的外壳） 6—调整螺母 7—M_8 左半部 8—M_8 右半部
9—弹簧 10—蜗杆 11—平键 12—弹簧座 13—圆柱销 14—拉杆 15—弹簧销 16—弹簧

爪的件 7 和 8 两半部组成，左半部 7 用平键 11 与星形体 3 连接，右半部 8 与轴 XⅫ 花键连接。在弹簧 9 的作用下，两半部经常处于啮合状态，以传递由超越离合器星形体 3 传来的运动和转矩，并经花键传给轴 XⅫ。这时，安全离合器螺旋齿面上产生的轴向分力，由弹簧 9 平衡。当进给抗力过大或刀架移动受到阻碍时，通过安全离合器齿爪传递的转矩及产生的轴向分力将增大。当这个轴向分力大于弹簧 9 的作用力时，离合器的右半部 8 将压缩弹簧 9 而向右滑移，与左半部 7 脱开啮合，安全离合器打滑，从而断开刀架的机动进给。过载现象排除后，弹簧 9 又将安全离合器自动接合而恢复正常的机动进给工作。调整螺母 6，通过轴内孔中的拉杆 14、圆柱销 13，可调整弹簧座 12 的轴向位置，以调整弹簧 9 的压力大小，即调整安全离合器 M_8 能够传递转矩的大小。

5.3.3　开合螺母的结构及有关调整

图 5-15 所示为开合螺母的结构原理。开合螺母由上、下两个半螺母 5 和 4 组成，它们分别装在溜板箱箱体后壁的燕尾导轨中（见图 5-15a）。上、下半螺母的背面各装有一圆柱销 6，其伸出一端分别插在圆盘 7 的两条曲线槽中（见图 5-15b）。扳动手柄 1 使圆盘 7 逆时针转动，曲线槽迫使两圆柱销 6 向中心靠近，带动上、下半螺母合拢，与丝杠啮合，接通车削螺纹运动；扳动手柄 1 使圆盘 7 顺时针转动，则上、下半螺母分开，与丝杠脱开啮合，断开车削螺纹运动。

利用螺钉 10，可以调整开合螺母的开合量，即调整开合螺母合上后与丝杠之间的间隙。调整时，拧动螺钉 10（见图 5-15c），以调整销钉 9 从下螺母的伸出长度，从而限定开合螺母合上时的位置，达到调整丝杠与螺母之间间隙的目的。开合螺母与燕尾导轨之间的间隙，用螺钉 12 经平镶条 11 进行调整。

5.3.4　纵向和横向机动进给操纵机构

刀架的纵向和横向机动进给运动的接通、断开，运动方向的改变和刀架快速移动的接通和断开，均集中由手柄 2（见图 5-16）来操纵，且手柄扳动方向与刀架运动方向一致，使用比较方便。

图 5-16 所示为纵向和横向机动进给操纵机构的立体示意图。将手柄 2 向左或向右扳动时，手柄 2 绕销子 3 摆动，手柄 2 下端的球头销 6 拨动轴 7 向右或向左做轴向移动，经杠杆 11、连杆 13 使鼓轮 15 逆时针或顺时针转动一定角度；鼓轮 15 圆周上的曲线槽迫使销子 16 带动轴 17 以及固定在其上的拨叉 18 向前或向后轴向移动，从而使双面带端面齿的离合器 M_6 与轴 XXⅣ 上相应的 $z = 48$ 空套齿轮的端面齿接合，而接通了向左或向右的纵向进给运动。将手柄 2 向后或向前扳动时，通过手柄座 5 使轴 4 及鼓轮 27 来回转一定的角度；鼓轮 27 上的曲线槽迫使销子 26 带动杠杆 25 摆动，杠杆 25 另一端的销子 23 拨动轴 22 以及固定在其上的拨叉 21 向前或向后轴向移动，从而使双面带端面齿的离合器 M_7 与轴 XXⅧ 上相应的 $z = 48$ 空套齿轮的端面齿接合，而接通了向前或向后的横向进给运动。将手柄 2 扳至中间直立位置时，离合器 M_6 和 M_7 均处于中间断开状态，停止了纵向和横向的进给运动。

手柄 2 的顶端装有点动快速电动机用的按钮 1，当把手柄 2 扳到左、右、前、后任一位置后，即接通了相应方向的慢速机动进给运动，如再按点动按钮 1，则可获得相应方向的刀架快速运动。

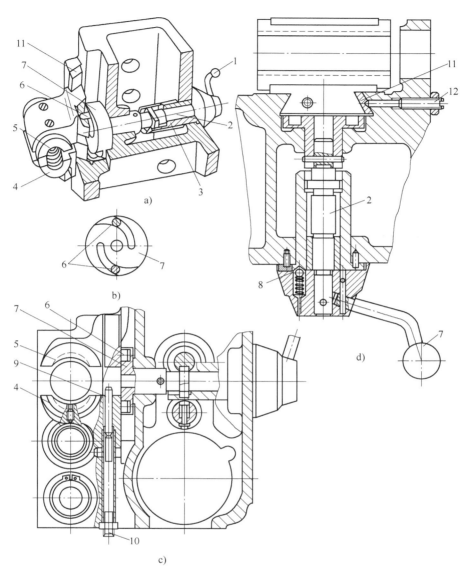

图 5-15 开合螺母的结构原理
1—手柄 2—轴 3—轴承套 4—下半螺母 5—上半螺母 6—圆柱销 7—圆盘
8—定位钢球 9—销钉 10—螺钉 11—平镶条 12—螺钉

5.3.5 互锁机构的结构原理

为保证纵、横进给运动和车削螺纹进给运动不能同时接通，机床溜板箱中设置有互锁机构。纵向进给和横向进给之间，通过操作手柄 2 面板上的十字槽进行互锁；而纵、横向进给运动和车削螺纹的进给运动则通过图 5-16 及图 5-17 所示的互锁机构进行互锁。

如图 5-16 及图 5-17 所示，开合螺母操纵手柄 8 上的轴 30 有一凸肩 28 （它有一削边）；轴 4 上铣有一键槽，它能与轴 30 上的凸肩 28 相配合；轴 7 上装有一弹簧销 9；轴 30 上的固定套 29 的销孔中装有一球头销 10，它们共同组成了互锁机构。

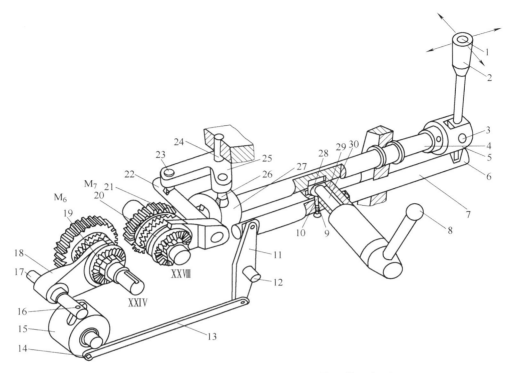

图 5-16　纵向和横向机动进给操纵机构立体示意图

1—按钮　2—手柄　3、16、23、26—销子　4、7、17、22、24、30—轴　5—手柄座　6、10—球头销
8—开合螺母操纵手柄　9—弹簧销　11、25—杠杆　12—杠杆支点　13—连杆　14—偏心销
15、27—鼓轮　18、21—拨叉　19—离合器 M_6　20—离合器 M_7　28—凸肩　29—固定套

当纵、横进给运动操纵手柄 2 和开合螺母操纵手柄 8 处于中间位置时，纵、横进给和丝杠进给均未接通，则互锁机构各零件所处的位置（见图 5-17a）；这时，手柄 2 所操纵的轴 4 可以自由转动，手柄 2 所操纵的轴 7 也可以做轴向移动，手柄 8 所操纵的轴 30 上的凸肩 28 也可以自由转动，即可以接通纵、横进给运动或接通丝杠进给的车削螺纹运动。

但当合上开合螺母后，由于手柄 8 所操纵的轴 30 转过了一个角度，其上的凸肩 28 旋入轴 4 的槽中（见图 5-17b），将轴 4 卡住，使之不能自由转动；同时，凸肩 28 上的 V 形槽使球头销 10 下移压缩弹簧销 9 进入它的孔中，但球头销 10 的一半仍然留在固定套 29 的孔中，使轴 7 不能做轴向移动。由此可见，在开合螺母合上后，纵、横进给手柄 2 就被锁住，不能扳动，避免了同时接通纵、横进给运动而损坏溜板箱中传动件及传动机构的危险。

当向左扳动手柄 2，接通向左的纵向进给运动后，轴 7 已向右移动，其上的弹簧销 9 也随之移动一段距离（见图 5-17c），球头销 10 被轴 7 的外圆表面顶住，球头销 10 的上端又卡在凸肩 28 的 V 形槽中，因而开合螺母的操纵手柄 8 就被锁住。当向前扳动手柄 2，接通向前的横向进给运动后，轴 4 已转过了一个角度（见图 5-17d），其上的长槽也随之转开，不再对准凸肩 28，于是凸肩 28 被轴 4 顶住，使轴 30 不能转动，因而开合螺母的操纵手柄 8 同样被锁住。

由互锁机构的工作原理可知：当接通开合螺母工作后，纵、横进给运动就不可能接通；反之，当接通纵向或横向进给运动后，开合螺母就不可能闭合而使用丝杠进行车削螺纹的工作。

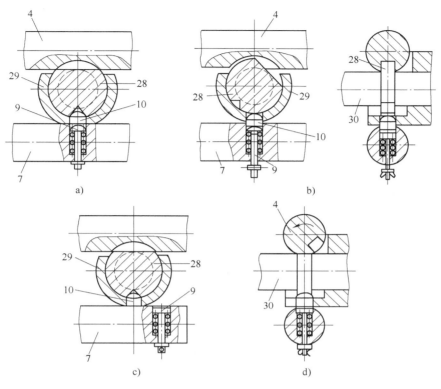

图 5-17　互锁机构工作原理图

4、7、30—轴　9—弹簧销　10—球头销　28—凸肩　29—固定套

5.4　溜板刀架和尾座

5.4.1　溜板

溜板刀架由纵溜板 1、横溜板 2、转盘 3、小溜板 4 和方刀架 5 等组成，如图 5-18 所示。纵溜板 1 安装在床身的"V 形-平面"组合导轨上，用这样的组合导轨副导向，以保证纵向直线运动的准确度。在纵溜板的前侧和后侧各装有两块压板 13（前侧的压板，在图中未示出），利用螺钉经平镶条 12 调整溜板与导轨间的配合松紧程度和磨损后产生的间隙。在纵溜板的前侧还装有一可调压板 11，拧紧其上的调节螺钉可将溜板锁紧在床身导轨上，以免车削大端面时刀架发生纵向窜动，影响端面的加工精度。

横溜板 2 装在纵溜板顶面的燕尾导轨上，这个燕尾导轨与床身上的组合导轨保持严格的垂直度，以保证横向车削的精度。横溜板 2 由横向进给丝杠螺母副传动，沿燕尾导轨做横向运动。燕尾导轨的松紧程度由螺钉 14 和 16 来改变带斜度的镶条 15 的位置进行调整，横向进给丝杠采用可调的双螺母结构（图 5-18 中的件 6 和 9）。螺母 9 为固定螺母，可调螺母 6 和固定螺母 9 的中间用楔块 7 隔开。如由于磨损的原因，使丝杠螺母间的间隙过大时，丝杠在工作过程中就会产生轴向窜动，致使车槽或车断时发生扎刀现象而折断刀具。为此，需要

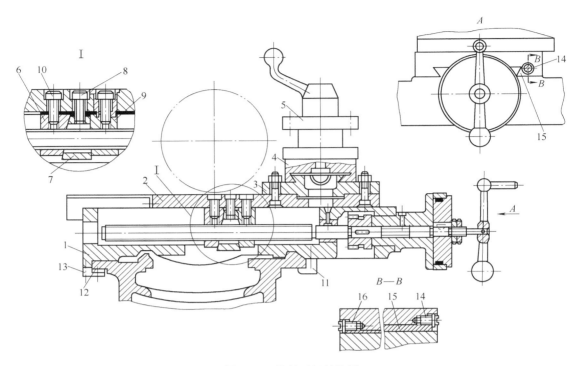

图 5-18　溜板刀架结构图

1—纵溜板　2—横溜板　3—转盘　4—小溜板　5—方刀架　6—可调螺母　7—楔块　8—调节螺钉
9—固定螺母　10—紧固螺钉　11—可调压板　12—平镶条　13—压板　14、16—螺钉　15—镶条

对丝杠螺母的间隙进行调整。

　　调整时，先将可调螺母 6 的紧固螺钉 10 松开，然后拧动楔块 7 上的调节螺钉 8 而将楔块向上拉，依靠斜楔作用将可调螺母 6 向左挤，使可调螺母 6 的螺纹左侧面与丝杠螺纹右侧面接触，固定螺母 9 的螺纹右侧面与丝杠螺纹左侧面接触，从而消除了丝杠螺母间的间隙。调整好后，必须重新拧紧紧固螺钉 10，使可调螺母 6 固定在横溜板上。

　　转盘 3 安装在横溜板的顶面上，用它下面的圆形凸台与横溜板中间的止口配合，以定中心，用安装在环形 T 形槽中的两个螺柱紧固。转盘 3 的燕尾导轨上安装着小溜板 4，因而小溜板 4 及其上的方刀架 5 可以转动 ±90° 的角度，以车削短锥体。

5.4.2　方刀架

　　图 5-19 所示为方刀架 5 的结构图。方刀架 5 安装在小溜板上，用小溜板的圆柱凸台定中心，转位用手柄 22 进行操纵。在小溜板 4 顶面的平台上，有四个定位孔，定位孔内压有淬硬钢定位套 31。在方刀架体上，与定位孔相对应装有一组弹簧定位销 30 和一组弹簧定位钢珠 25，二者相对成 180° 排列；它们各自的弹簧作用力大小，用顶端的调节螺钉调整。用骑缝螺钉固定在小溜板上的轴 28 与方刀架体内孔之间，装有带单向端面齿离合器的凸轮 27 和带单向端面齿离合器的花键套筒 21。花键套筒 21 上又套装一个有内花键的套筒 19。手柄 22 用骑缝销与套筒 19 相连，并用螺纹与轴 28 连接。手柄 22 内孔与花键套筒 21 之间，装有一只弹簧 20，它使两端面齿离合器经常处于啮合工作状态。

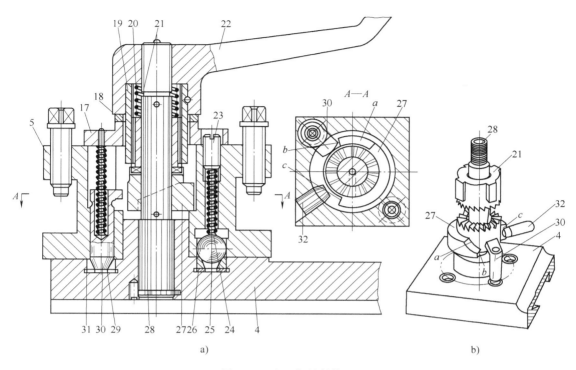

图 5-19　方刀架的结构图

4—小溜板　5—方刀架　17—刀架上盖　18—垫片　19—内花键套筒　20、24、29—弹簧　21—花键套筒
22—手柄　23—调节螺钉　25—定位钢珠　26、31—定位套　27—凸轮　28—轴　30—定位销　32—固定销

方刀架可以转换四个工作位置，每一位置的转换过程如下：

1）松开刀架，拔出定位销 30。逆时针方向旋转手柄 22，通过骑缝销使内花键套筒 19 转动，经花键连接和单向端面齿离合器，使花键套筒 21 和凸轮 27 一起转动。由于手柄 22 逆时针转动，则手柄 22 相对于轴 28 上的螺纹向上移动，去掉了对刀架的夹紧力，方刀架便被松开；由于凸轮 27 转动，其上的斜面 a（见图 5-19b）进入定位销 30 的勾形尾部的下面而把定位销 30 抬起，为刀架转位做好准备。

2）刀架转位。手柄 22 继续逆时针转动，直至凸轮 27 的垂直侧面 b 与装在方刀架体上的固定销 32 相碰，便推动刀架转位，定位钢珠 25 从定位孔中滑出。当方刀架转到所需位置时，钢珠在弹簧作用下，在新的定位孔中进行初定位。

3）刀架精确定位并夹紧。转位完毕后，顺时针转动手柄 22，使凸轮 27 也顺时针转动。当凸轮 27 的斜面 a 退离定位销 30 的勾形尾部时，在弹簧的作用下，定位销 30 便进入定位孔中定位。刀架被定位后，凸轮 27 的另一垂直侧面 c 与固定销 32 相碰。凸轮 27 被固定销 32 挡住不能转动，于是凸轮 27 与花键套筒 21 的端面齿离合器便开始打滑，直至手柄 22 继续转动到夹紧刀架为止。

5.4.3　尾座

图 5-20 所示为 CA6140 型卧式车床的尾座结构图。尾座装在床身的尾座导轨 C 及 D 上，它可以根据工件的长短调整纵向位置，位置调整妥当后，拧紧螺母 12 使压紧机构将尾座牢

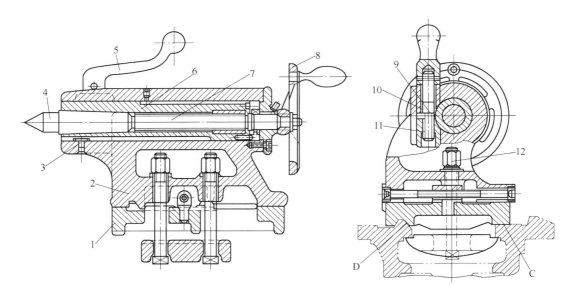

图 5-20　CA6140 型卧式车床的尾座结构图

1—尾座垫板　2—尾座体　3—平键　4—后顶尖　5—手柄　6—尾座套筒
7—丝杠　8—手轮　9—螺杆　10、11—套筒　12—螺母

固地夹紧在床身上。

后顶尖 4 安装在尾座套筒 6 的锥孔中，尾座套筒 6 装在尾座体 2 的孔中，并由平键 3 导向，所以它只能轴向移动，不能转动。摇动手轮 8 可使尾座套筒 6 纵向移动。当尾座套筒 6 移至所需位置后，可用手柄 5 转动螺杆 9 以拉紧套筒 10 和套筒 11，从而将尾座套筒 6 夹紧。如需要卸下顶尖，可转动手轮 8，使尾座套筒 6 后退，直到丝杠 7 的左端顶住后顶尖，将后顶尖从锥孔中顶出。

1. 多片离合器和制动器的工作原理各是什么？如何进行调整？
2. 基本变速组的变速操纵机构原理是什么？
3. 互锁机构的结构原理是什么？

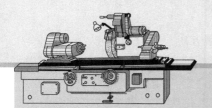

第6章

卧式车床的修理工艺

6.1 床身导轨的修理

床身导轨是卧式车床的基础部件，也是卧式车床上各部件移动和测量的基准。床身导轨精度状况直接影响卧式车床的加工精度，导轨的精度保持性对卧式车床使用寿命的影响很大。在使用过程中，由于床身导轨暴露在外面，直接与灰尘和切屑接触，导轨的润滑状况难以得到保证，导轨的磨损是不可避免的。床身导轨的修复是卧式车床大修理中必须完成的工作之一。

6.1.1 修理方案的确定

床身导轨的修理方案是由导轨的损伤程度、生产现场的技术条件及导轨表面材质的情况确定的。导轨表面的大面积磨损，可用刮削、磨削、精刨等方法修理；导轨表面的局部损伤可用焊补、粘补、涂镀等方法修理。在机床的大修理中经常遇到的是床身导轨磨损的情况。

1）确定导轨的修理加工方法。当床身导轨磨损后，可选用的修理方法有几种，选用时应考虑各种方法的可行性和经济性。对于长导轨或经过表面淬火的导轨，多采用磨削加工方法修理；对于特长或磨损较重的导轨，可用精刨的方法修理；对于短导轨或磨损较轻的导轨或需拼装的导轨，多用刮削的方法修理；当导轨较长但位置精度要求项目较多且磨损量不大时，往往也采用刮削的方法修理。对于 CA6140 型卧式车床的床身导轨，一般采用磨削的方法修理。

2）确定导轨的修理基准。经过一个大修理周期的使用，床身导轨面受到不同程度的磨损，使其原加工基准失去精度，因而需重新选择基准。在选择床身导轨的修理基准时，通常选择磨损较轻，或在加工中一次装夹加工出而又没有磨损的非重要安装表面作为导轨的测量基准。在卧式车床床身导轨的修理中，可以选择齿条安装面或原导轨上磨损较轻的面作为导轨修理时的测量基准。在生产实际中，刮削时多采用齿条安装面作为测量基准，磨削时多采用原导轨上磨损较轻的面作为测量基准。

3）确定尺寸链中补偿环位置的方法。导轨表面加工后，必然使在导轨表面安装的各部件间的尺寸链发生变化，这种变化会影响卧式车床运动关系和加工精度，因而必须采取措施予以恢复。恢复尺寸链通常采用增设补偿环法，补偿环的位置可选择在固定导轨面上，也可选择在移动导轨面上。为了减少工作量，通常将补偿环选择在较短的相对移动的导轨面上。

6.1.2 床身导轨的修理工艺

卧式车床床身导轨的修理，主要采用磨削和刮削两种工艺方法。

1）床身导轨的磨削。卧式车床床身导轨的磨削，可在导轨磨床或龙门刨床上（加磨削头）进行。磨削时将床身从床腿上拆下后，放置于工作台上垫稳，并调好水平后找正。

床身导轨找正时，可以齿条安装面为直线度基准（也可以作为进给箱安装平面与导轨等高性能的基准）。其方法是：将千分表座固定在磨头主轴上，千分表测头靠在床身基准面上，移动砂轮架（或工作台），使表针摆动不大于 0.01mm；再用直角尺紧靠进给箱安装平面，千分表测头触在直角尺另一边上，转动磨头，使表针摆动近于零。找正后将床身夹紧，夹紧时要防止床身变形，如图6-1 所示。

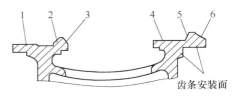

图6-1 卧式车床床身导轨截面图

在磨削过程中，应首先磨削导轨面1、4，然后磨削压板导向面，再调整砂轮角度，磨削导轨5、6、2、3面。磨削时应采用小进给量多次进给法，防止导轨表面温升过高，以手感觉导轨面不发热为好。若导轨表面温升过高，会引起导轨产生热变形，从而降低床身的精度。

床身导轨修磨后，需要使导轨面呈中凸状，导轨面的中凸可用三种方法磨出：一种为反变形法，即安装时就使床身导轨适当变形产生中凹，磨削完成后床身导轨自动恢复变形形成中凸；另一种是控制进给量法，即在磨削过程中使砂轮在床身导轨两端多进给几次，然后精磨一刀形成中凸；第三种是靠加工设备本身形成中凸，即将导轨磨床本身的导轨调成中凸状，使砂轮相对工作台走出凸形轨迹，这样在调整后的机床上磨削床身导轨时即呈中凸状。

2）床身导轨的刮削。卧式车床床身导轨较长，刮研工作量较大，一般无特殊情况，不采用这种修理方法。

① 床身的安装。将床身放置于调整垫铁上（按机床说明书的规定调整垫铁的位置和数量），在自然状态下，测量床身导轨在垂直平面内的直线度误差和两条导轨的平行度误差，并将误差调整至最小数值，记录运动曲线，如图6-2所示。

② 床身导轨测量。刮削前首先测量导轨面5、6对齿条安装面的平行度，如图6-3所示。分析该项误差与床身导轨运动曲线之间的相互关系，确定修理方案。在刮削的过程中要随时测量导轨的各项精度，以确定刮削量和刮削部位。在测量卧式车床床身导轨时，除了用百分表

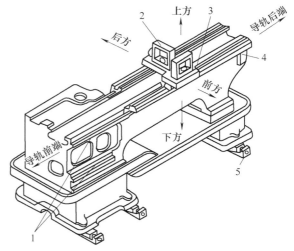

图6-2 卧式车床床身的安装
1—进给箱安装面 2—水平仪 3—检验
桥板 4—托架安装面 5—调整垫铁

及水平仪等各种通用量仪外，还要用到专用桥板和检验棒等辅助量具和检具。

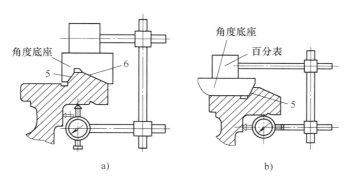

图 6-3 导轨对齿条安装面平行度的测量

a）V 形导轨对齿条安装面平行度的测量 b）导轨面 5 对齿条安装面平行度的测量

③ 床身床鞍导轨的粗刮。床身导轨刮削时，首先要利用床身导轨面磨损较轻的部位配刮床鞍导轨和尾座垫板导轨，为床身导轨的精刮做好准备，然后以平行平尺为研具分别粗刮导轨面 1、5、6（见图 6-1）。在刮削时应随时测量导轨面 5、6 相对齿条安装面的平行度，并用先与导轨形状配刮好的角度底座拖研，保持导轨角度（见图 6-3）。粗刮时应保证导轨全长上的直线度误差不大于 0.1mm，但需呈中凸状；并保证与对研平尺的平面接触均匀。

④ 床身床鞍导轨的精刮。将修刮好的床鞍与粗刮后的床身相互对研，精刮导轨面。精刮时需用检验桥板、等高垫块、检验棒、千分表、水平仪等，随时测量导轨在水平面内的直线度（见图 4-5），以及测量导轨在垂直面内的直线度（见图 6-2）。床身床鞍导轨精刮后，导轨运动曲线仍需达到中凸形状，但为使导轨具有更好的精度保持性，应使导轨面 1 的中凸低于 V 形导轨面的中凸高度（见图 6-1）。

3）床身尾座导轨的刮削。床身尾座导轨面的刮削方法及操作步骤与床鞍导轨面的刮削方法相同。需要说明的是，当刮削尾座导轨时，应测量它与床身床鞍导轨面之间的平行度，如图 6-4 所示（参见图 4-4）。

6.1.3 床身导轨修理后的精度要求

卧式车床床身导轨经修理后，要满足如下精度要求：

1）床身导轨面 1、5、6（见图 6-1）在垂直面内直线度误差每 1000mm 测量长度上不大于 0.02mm，全长不大于 0.04mm，只允许向上凸起，凸起部位最高点应在靠近主轴端的 1000mm 处；在水平面内直线度误差每 1000mm 测量长度上不大于 0.015mm，全长不大于 0.03mm。

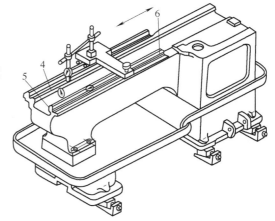

图 6-4 床身导轨上尾座单条导轨对床鞍导轨的平行度测量

2）床身导轨面 1 相对于 V 形导轨面 5、6 的倾斜度误差，每 1000mm 测量长度上不大于 0.02mm，全长不大于 0.03mm。

3）尾座导轨对床鞍导轨平行度误差，在垂直方向每 1000mm 测量长度上不大于 0.02mm，全长不大于 0.05mm；在水平方向每 1000mm 测量长度上不大于 0.03mm，全长不大于 0.05mm。

4）床鞍导轨面对齿条安装面的平行度误差不大于 0.05mm。

5）床鞍与床身导轨面之间接触精度不少于 12～14 点/(25mm×25mm)。

6.2　溜板部件的修理

溜板部件是由床鞍、中滑板和换向进给丝杠副组成的，它的作用是带动刀架部件上的刀具实现纵向、横向进给运动，溜板部件的精度状况直接影响所加工零件的加工精度。溜板部件的修理工作主要包括修复床鞍及中滑板导轨的精度，补偿因床鞍及床身导轨磨损而改变的尺寸链。

6.2.1　修复溜板部件相关的尺寸链

由于床身导轨面（包括床鞍下导轨面）的磨损及修整，必然引起溜板箱和床鞍的下沉，致使以床身导轨为基准的所有相关尺寸链发生变化，因而造成与进给箱相关的尺寸链产生了误差 ΔB，与托架相关的尺寸链产生了误差 ΔC，与齿轮齿条啮合相关的尺寸链产生了误差 ΔD，如图 6-5 所示。

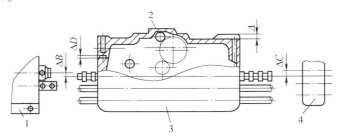

图 6-5　进给系统尺寸链的变化

1—进给箱　2—横向传动齿轮　3—溜板箱　4—托架

由于修理溜板部件时涉及这些尺寸链，所以在修理之前，首先要确定方案，分析如何修复尺寸链。修复这些尺寸链时，通常可以采用如下三种方法：

1）在共有基准面的一侧增加补偿环。由于床身导轨面是几组尺寸链的共有基准面，这个基准面经过磨损和修整下沉了 Δ 值，引起上述三组尺寸链出现了误差 ΔB、ΔC、ΔD，可以在床鞍导轨上增加一补偿环来修复这些误差。在增加补偿环时，通常采取在床鞍导轨下面粘结一层铸铁板或聚四氟乙烯胶带的方法。这种方法简便易行，并可多次使用。需要注意的是：粘结层的厚度除保证补偿床鞍下沉量 Δ 值外，还要考虑修刮余量。

床鞍下沉量 Δ 值的测量，可以采用图 6-6 所示的方法进行，即将进给箱和丝杠托架按工作位置安装好，将床鞍放置于修复后的床身导轨上，测量丝杠托架上光杠支承孔轴线到床鞍接合面的尺寸 A，然后再测量溜板箱的光杠安装孔到床鞍接合面的尺寸 H，则床鞍的下沉量为 $\Delta = H - A$。

2）移动进给箱、丝杠托架、齿条的安装位置。根据修复后的床身导轨面及溜板箱安装

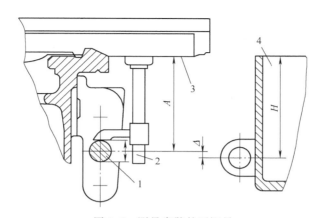

图 6-6　测量床鞍的下沉量

1—进给箱、托架的光杠孔　2—高度百分尺　3—床鞍接合面　4—溜板箱

后的实际位置，分别调整 ΔB 和 ΔC，然后重新修配定位销孔或修整定位面，还需更换溜板箱与床身上齿条啮合的纵向进给齿轮，或重新定位安装齿条，以补偿由于溜板箱的下沉而造成的两者啮合间隙的变化。这种方法虽可修复三组尺寸链，但不能多次使用，一般只作为个别尺寸调整之用。

3）修整床鞍上的溜板箱接合面。使用机械加工的方法将床鞍上安装溜板箱的接合面切去一定尺寸的金属，使溜板箱的安装位置向上移，以此补偿由于床身导轨磨损和修整造成的尺寸链误差。这种方法虽然也是通过调整一个补偿环节恢复各有关环的尺寸链关系，但是床鞍厚度的减薄，势必影响床鞍的刚性。另外，溜板箱的向上移动，横向进给丝杠上安装的齿轮与溜板箱内安装的相啮合的齿轮之间的中心距发生了变化，必须使用变位齿轮才能正常啮合传动，这些因素限制了这个方法的采用。

由此分析可知，溜板部件尺寸链的恢复，最好采用在床鞍导轨面粘结补偿板的方法。

6.2.2　溜板部件的刮削工艺

溜板部件的刮削主要是指床鞍及中滑板导轨的刮削，这项工作是在床身导轨修复后和溜板部件尺寸链补偿后进行的，如图 6-7 所示。在卧式车床大修理时，溜板部件尺寸链的补偿通常采用在床鞍导轨 8、9 面粘贴补偿尺寸层的方法。这时在溜板部件刮削时，主要完成下列工作：

1）刮削床鞍纵向导轨 8、9 面。将床鞍与修刮好的床身导轨对研，刮削床鞍纵向导轨 8、9 面，直至达到接触精度要求。刮削时要测量床鞍上溜板箱接合面对床身导轨的平行度，如图 6-8 所示。同时，要测量床鞍上溜板箱结合面对床身进给箱安装面的垂直度，使之在规定的范围之内，如图 6-9 所示。

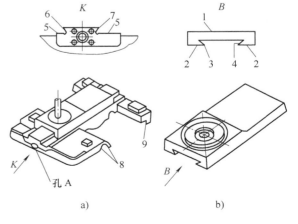

a)　　　　　　　　　b)

图 6-7　溜板部件的修理示意图

a）床鞍　b）中滑板

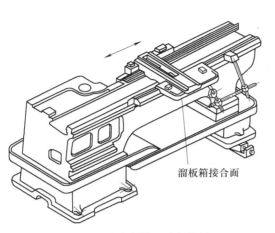

图 6-8　测量床鞍上溜板箱接
合面对床身导轨的平行度

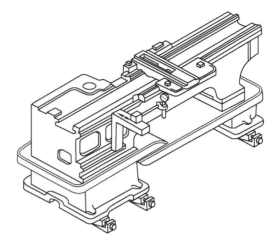

图 6-9　测量床鞍上溜板箱接合面
对床身进给箱安装面的垂直度

2）刮削中滑板导轨面。以平板为研具，分别刮削中滑板上的转盘安装面 1 和导轨面 2（见图 6-7），要求 1、2 面间的平行度误差不大于 0.02mm，两者的平面度以与平板的接触点均匀为准，用 0.03mm 的塞尺检查不得塞入。

3）刮削床鞍横向导轨面 5（见图 6-7）。用刮好的中滑板对研床鞍导轨面 5，刮研时需测量和控制床鞍导轨对横向进给丝杠安装孔 A 的平行度，如图 6-10 所示中的点 a，并注意中滑板拖研时受力应均匀，移动距离不可过长。

4）刮削床鞍横向导轨面 6、7（见图 6-7）。用 55°角度平尺拖研床鞍横向导轨面 6，刮研时需测量和控制床鞍导轨对横向进给丝杠安装孔 A 的平行度，如图 6-10 所示中的点 b。用 55°角度平尺拖研床鞍横向导轨面 7，刮研时需测量和控制床鞍两横向导轨之间的平行度，如图 6-11 所示。

5）刮削中滑板导轨面 3（见图 6-7）。以刮削好的床鞍导轨面 6 与中滑板导轨面 3 对研，

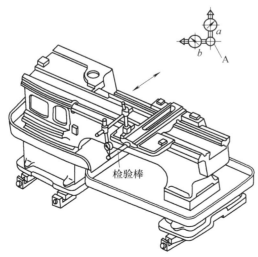

图 6-10　测量床鞍导轨对丝杠安装孔的平行度

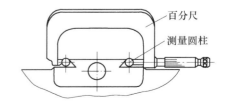

图 6-11　测量床鞍两横向导轨之间的平行度

使之达到精度要求。

6）刮削床鞍上、下导轨之间的垂直度。将修刮好的中滑板在床鞍横向导轨上安装好，分别移动中滑板和床鞍，用千分表与 90°角尺测量床鞍上、下导轨之间的垂直度，如图6-12 所示。若垂直度超差，应在床身上拖研，修刮床鞍下导轨进行修正。

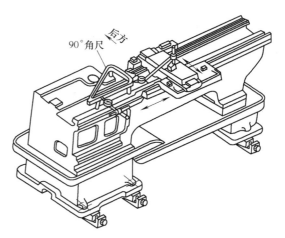

图 6-12　测量床鞍上、下导轨之间的垂直度

6.2.3　对溜板部件的修理要求

溜板部件上各零件的导轨修刮后应该达到下列精度要求：

1）溜板箱结合面对床身导轨平行度误差全长不大于 0.06mm，对进给箱、托架安装面的垂直度误差不大于 0.03mm。

2）床鞍燕尾导轨面 5、6 对丝杠安装孔 A 的平行度误差在 300mm 长度上不大于 0.05mm。

3）床鞍导轨面 7 对 6 的平行度误差不大于 0.02mm，导轨面 6、7 的直线度误差不大于 0.02mm。

4）中滑板 1、2 面的平行度误差不大于 0.02mm。

5）中滑板与床鞍导轨面的接触精度，以及床鞍与床身导轨的接触精度均不少于 10～12点/(25mm×25mm)。

6.2.4　床鞍的拼装

床鞍的拼装主要包括床鞍与床身的拼装，以及中滑板与床鞍的拼装。

1）床鞍与床身的拼装。床鞍与床身的拼装主要是指床鞍压板与床身导轨背面的配刮，刮削时要求床身导轨背面与导轨面之间的平行度误差每 1000mm 测量长度上不大于 0.02mm，全长上不大于 0.04mm，床鞍压板与床身导轨背面之间的接触精度不少于 6～8 点/(25mm×25mm)。刮削后将压板用紧固螺柱在床鞍上压紧，然后用 250～300N 的推力使床鞍在床身全长上移动，要求移动过程中没有阻滞现象，再用 0.03mm 塞尺检查接触精度，端部插入深度应小于 20mm。

2）中滑板与床鞍的拼装。中滑板与床鞍的拼装，主要包括刀架中滑板塞铁的安装和横向进给丝杠的安装。

① 中滑板塞铁的安装。塞铁是调整刀架中滑板与床鞍燕尾导轨间隙的调整环节，在使用中塞铁磨损严重，需要重新配置。

塞铁的配置方案有几种：可用原有的旧塞铁在大端上焊接加长一段，再将塞铁小端截去一段，使塞铁工作段的厚度增加；也可以在原有旧塞铁上粘结一层聚四氟乙烯胶带，使塞铁的磨损层得到补偿；还可以更换新塞铁，更换新塞铁时应使新塞铁的斜度与旧塞铁的斜度保持一致。无论是修复旧塞铁还是更换新塞铁，都要使之留有一定的余量，即让塞铁的大端长出一段，通过配刮，使塞铁与燕尾导轨面接触精度达到要求后，最后截取塞铁。

塞铁的刮削方法，是将加工后涂有红丹粉的塞铁插入床鞍导轨面与中滑板导轨面之间楔紧，然后拆下塞铁，再刮削塞铁上与床鞍导轨面接触后留下的擦痕，如此反复多次，直到塞铁与床鞍导轨达到接触精度后为止。要求塞铁与床鞍导轨面之间的接触精度不少于 10 ~ 20 点/（25mm×25mm）。

② 横向进给丝杠的安装。卧式车床在大修时，经常会遇到横向进给丝杠磨损比较严重的问题。丝杠的磨损会引起刀具在承受横向切削力时刀架窜动、刀具定位不准确、操纵手柄空行程变大等缺陷，影响零件的加工精度和表面粗糙度 Ra 值，在大修时应予以修复或更换。

磨损丝杠的修复方法一般采用修复丝杠螺纹、更换新螺母的方法。在精车修复螺纹时，一般要经过校直丝杠、精修丝杠外径和精车螺纹等几道工序。图 6-13 所示为横向进给丝杠的安装示意图。首先垫好螺母垫片（可以估计垫片厚度 Δ 值，并分为多层），再用螺柱将左、右半螺母及楔形块挂住（不拧紧），然后转动丝杠，使之依次穿过丝杠右半螺母、楔形块、丝杠左半螺母，再将小齿轮（包括键）、法兰盘（包括套）、刻度盘及双锁紧螺母，按顺序安装在丝杠上（见图 6-13a）。旋转丝杠，同时将法兰盘压入床鞍安装孔内，然后紧固锁紧螺母（见图 6-13b）。最后紧固丝杠左、右半螺母的连接螺柱，在紧固左、右半螺母的螺柱时，要连续旋转丝杠，使之带动中滑板在床鞍上往复移动，同时感觉丝杠的松紧程度，若感觉松紧程度不均匀或中滑板移动受阻时，则需要调整垫片厚度 Δ 值，直到运行自如，松紧程度适宜为止。调整后应实现转动手柄灵活，转动力不大于 80N，正反向转动手柄的空行程不超过回转圆周的 1/3 转。

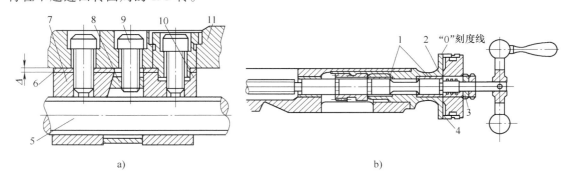

a)   b)

图 6-13　横向进给丝杠的安装示意图

a) 丝杠螺母结构　b) 丝杠支承件结构

1—镶套　2—法兰盘　3—锁紧螺母　4—刻度盘　5—横向进给丝杠　6—垫片　7—左半螺母
8—楔形块　9—调节螺钉　10—右半螺母　11—刀架下滑座

6.3　刀架部件的修理

刀架部件主要包括转盘、小滑板、方刀架等零件，其结构如图 6-14 所示。刀架部件的作用是夹持刀具，实现刀具的转位、换刀，刀具的短距离调整及短距离斜向手动进给等运动。刀架部件的主要损伤形式为小滑板及转盘导轨的磨损、方刀架定位支承面及刀具夹持部分的损伤等，转盘回转面的磨损并不多见。

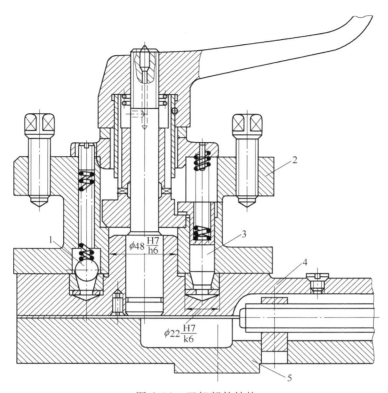

图 6-14　刀架部件结构

1—钢球　2—刀架座　3—定位销　4—小滑板　5—转盘

6.3.1　刀架部件修理的主要内容

刀架部件修理的主要内容是恢复方刀架移动的几何精度，恢复方刀架转位时的重复定位精度以及刀具装夹时的可靠性和准确性。为达到这些要求，必须对转盘、小滑板、方刀架等零件的主要工作面进行修复，如图 6-15 所示。

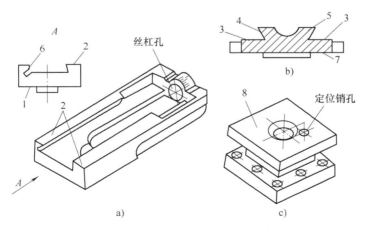

图 6-15　刀架部件主要零件修理示意图

a）小滑板　b）转盘　c）方刀架

小滑板修理的内容为：修复刀架座定位销 ϕ48mm 的配合面（见图 6-14），可通过镶套或涂镀的方法恢复它与方刀架定位中心孔的配合精度。刮削小滑板燕尾导轨面 2、6（见图 6-15a），保证导轨面的直线度与丝杠孔的平行度。更换小滑板上的刀架转位定位销锥套（见图 6-14），保证它与小滑板安装孔 ϕ22mm 之间的配合精度。

转盘修理的内容为：刮削燕尾导轨面 3、4、5（见图 6-15b），保证各导轨面的直线度和导轨相互之间的平行度。（注：小滑板与转盘之间燕尾导轨的刮研方法及顺序，与中滑板和床鞍之间的燕尾导轨的刮研方法相同。）

方刀架修理的内容为：配刮方刀架与小滑板之间的接触面 8、1（见图 6-15a 和图 6-15c），用方刀架上的定位销与小滑板上镶嵌的定位销锥套孔配研，达到接触精度，修复刀架夹紧螺纹孔。

6.3.2　刀架部件修理的要求

刀架部件修理时，应达到以下要求：

1）小滑板 ϕ48mm 定位销轴与刀架座孔配合公差带为 ϕ48H7/h6（见图 6-14）。

2）小滑板上四个转位定位销锥套与孔的配合公差带为 ϕ22H7/k6（见图 6-14）。

3）转动方刀架，用锥销定位时定位误差不大于 0.01 ~ 0.02mm。

4）转盘导轨面 3 的平面度误差不大于 0.02mm，导轨面 4 的直线度误差不大于 0.01mm，导轨面 3 对转盘表面 7 的平行度误差不大于 0.03mm。

5）小滑板与转盘导轨面接触精度不少于 10 ~ 12 点/（25mm × 25mm）。

6）方刀架与小滑板的接触精度不少于 8 ~ 10 点/（25mm × 25mm）。

6.3.3　刀架部件的拼装

刀架部件的拼装，主要包括小滑板与转盘的组装和方刀架与小滑板的组装。方刀架与小滑板的组装，是在修复好各相关零件及恢复了零件接触面间的配合关系后，按图 6-14 的装配关系逐一安装。装配后，需要检验方刀架的转位精度。小滑板与转盘的组装，需在配刮好小滑板与转盘两者之间的燕尾导轨接触面之后，配刮塞铁、安装丝杠螺母机构。塞铁的配刮方法及要求与中滑板和床鞍的塞铁配刮方法相同。

当小滑板及转盘间的燕尾导轨经过刮削修整后，两者之间的尺寸链关系发生了变化。在小滑板上安装的丝杠的轴线相对于在转盘上安装的螺母的轴线产生了偏移，因而两者无法正常安装。在小滑板与转盘组装时，需设法消除丝杠与螺母轴线之间的偏移量。目前，修整丝杠螺母的偏移量，通常采用的方法有以下两种：

1）设置偏心螺母法。在卧式车床的花盘上安装专用三角铁，如图 6-16 所示。将小滑板和转盘用配刮好的塞铁楔紧，一同安装在专用三角铁上；加工一未开孔的螺母坯，使之与转盘上的螺母安装孔过盈配合，并压入转盘孔内；在卧式车床的花盘上调整专用三角铁，以小滑板丝杠安装

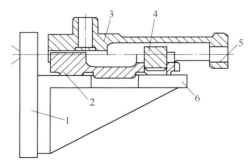

图 6-16　在卧式车床的花盘上安装专用三角铁
1—花盘　2—转盘　3—小滑板　4—螺母坯　5—丝杠孔　6—专用三角铁

孔找正，并使小滑板导轨与卧式车床主轴轴线平行，加工出螺母坯的螺纹底孔；然后再卸下螺母坯，在卧式车床单动卡盘上以螺母底孔找正切削出螺母螺纹，最后再精切削螺母外径。

2）设置丝杠偏心套法。将修复后的丝杠螺母副安装在转盘上，将小滑板在转盘上安装调整好；测量丝杠与小滑板上丝杠安装孔之间的偏心量，然后加工出丝杠新轴套，使其内外径的偏心量稍大于测量出的偏心量；最终将加工后的丝杠轴套安装在小滑板上，旋转偏心轴套，装入丝杠并转动。当丝杠达到灵活转动时，再将丝杠轴套在小滑板上定位紧固。

小滑板与转盘拼装后，需检验小刀架移动对主轴轴线的平行度，要求其数值小于 0.04mm，检验方法如图 6-17 所示。

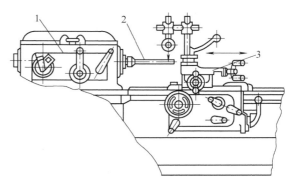

图 6-17 测量小刀架移动对主轴轴线的平行度
1—主轴箱 2—检验棒 3—小刀架

6.4 主轴箱部件的修理

主轴箱部件是支承主轴实现主轴的回转、变速、变向运动的工作部件，对这个部件的要求是：具有足够的支承刚性、可靠的传动性能、灵活的变速操纵机构、较小的热变形、较低的振动噪声、较高的回转精度等。

由 CA6140 型卧式车床主轴箱展开图可知（参见图 5-2），主轴箱由主轴部件、箱体零件、变速机构及离合器机构、操纵机构等部分组成。主轴箱部件的修理，就是对这些部分的修理。

6.4.1 主轴部件的修理

CA6140 型卧式车床主轴部件的修理，是该机床大修的重要工作之一。它主要包括主轴的检验、主轴的修复、轴承的选配与预紧、轴套的配磨等。

6.4.2 主轴开停和变速操纵机构的修理

图 6-18 所示为 CA6140 型卧式车床主轴开停操纵机构，主要包括双向多片离合器、制动装置和变速操纵机构三个组成部分。它的主要功能是实现卧式车床主轴的开停和正反向转动。卧式车床的频繁开停和制动，使部分零件磨损严重。在修理时，必须逐项检验各零件的磨损程度，并予以更换或修复。

1）双向多片离合器的修理。图 6-19 所示为双向多片离合器的结构。在使用过程中，由于机床的频繁开停，使离合器的零件产生磨损，如摩擦片、长销、压套、元宝形摆块、拉杆、滑套等。大修时需逐件检查，视其具体情况确定更换或修复。

摩擦片属于易磨损件，其表面经喷砂处理并具有许多径向条纹，要求摩擦片的平面度误差不大于 0.2mm。检查时，若发现摩擦片两侧表面有明显的磨痕，特别是出现亮点或平面度超差时，需更换摩擦片。元宝形摆块虽经表面淬火处理，但其内侧与滑套接触部位仍易产

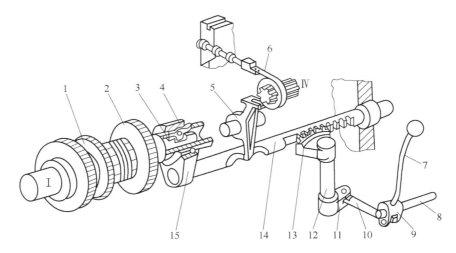

图 6-18　CA6140 型卧式车床主轴开停操纵机构

1—双联齿轮　2—齿轮　3—元宝形摆块　4—滑套　5—杠杆　6—制动带　7—手柄　8—操纵杆

9、11—曲柄　10—拉杆　12—轴　13—扇形齿轮　14—齿条轴　15—拨叉

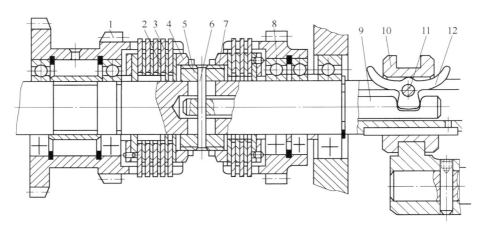

图 6-19　双向多片离合器的结构

1—双联齿轮　2—内摩擦片　3—外摩擦片　4、7—螺母　5—压套　6—长销

8—齿轮　9—拉杆　10—滑套　11—销轴　12—元宝形摆块

生磨损，磨损后可用焊补修复，并经淬火处理。滑套的磨损易发生在两端面与元宝形摆块接触处，一般不采用修复方法，多更换新零件。

摩擦离合器安装后，摩擦片的间隙需调整合适，如摩擦片之间的间隙过大，压紧力不足，不能传递足够的摩擦力矩，还会使摩擦片相对打滑，造成摩擦片磨损加剧，使主轴箱内温升过高；若摩擦片之间的间隙过小，不能完全脱开，也会引起摩擦片相对打滑，主轴箱发热，并会引起主轴制动失灵。

2）制动机构的修理。卧式车床的制动机构如图 6-20 所示，由制动钢带、制动轮、杠杆、齿条轴和调节螺钉等零件组成。主轴制动机构的功用是当离合器脱开时，使主轴迅速制动。由于卧式车床的频繁开停，制动机构中的制动钢带和制动轮磨损严重，所以制动钢带的更换、制动轮的修整、齿条轴凸起部位（图 6-20 中的 b 部位）的焊补是制动机构修理的主要任务。

3）主轴箱变速操纵机构的修理。CA6140型卧式车床主轴箱的变速操纵机构如图6-21所示。这个机构是靠转动变速手柄9，通过链条8、盘形凸轮6、杠杆11和拨叉3、12实现主轴的变速。由于卧式车床主轴在变速时，各齿轮均处于非工作状态，因而变速机构受力不大。但变速机构各传动副均为滑动摩擦，且润滑状态难以保证，难免引起滑块、拨叉及盘形凸轮的磨损。在大修时，需逐个检查各相对运动件之间的接触面，特别是盘形凸轮6的凸轮曲线，若严重磨损则需进行更换或修复。

6.4.3 主轴箱体的检修

图6-22所示为CA6140型卧式车床的主轴箱体。要求 $\phi158H7$ 主轴轴承前孔及 $\phi150J6$ 轴承后孔圆柱度误差不超过0.015mm，圆度误差不超过0.01mm，两孔的同轴度误差不超过0.015mm。卧式车床在使用过程中，轴承外圈的游动，造成了主轴箱

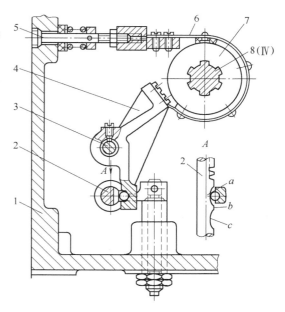

图6-20 卧式车床的制动机构
1—箱体 2—齿条轴 3—杠杆支承轴 4—杠杆
5—调节螺钉 6—制动钢带 7—制动轮 8—花键轴

轴承安装孔的磨损，影响主轴的回转精度和主轴的刚性。不规范的维修有时会造成箱体的局部开裂，铸造的缺陷会造成箱体的漏油。在大修时，需逐项检查并修复。

主轴箱检验可用内径千分表首先测量前后轴承孔的圆度和尺寸，观察孔的表面质量是否有明显的磨痕、研伤等缺陷。然后在镗床上用镗杆和杠杆千分表测量前后轴承孔的同轴度，彻底清理主轴箱内部，用煤油检验箱体的渗漏情况，仔细检查箱体的薄弱处，针对具体情况采取修复措施。若轴承孔圆度、圆柱度确已超差，但超差不大，可采用磨削法消除形状误差后刷镀修复；若主轴孔超差较大，则宜采用镶套法修复；若主轴箱出现裂纹，可用焊补或粘补法修复；若主轴箱渗漏，可用粘补法修复。

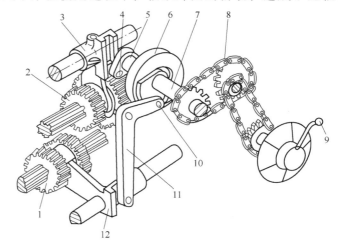

图6-21 CA6140型卧式车床主轴箱的变速操纵机构
1—双联齿轮 2—三联齿轮 3、12—拨叉 4—销子
5—曲柄 6—盘形凸轮 7—轴 8—链条
9—变速手柄 10—圆销 11—杠杆

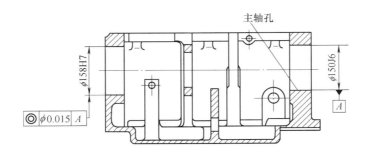

图 6-22　CA6140 型卧式车床的主轴箱体

6.4.4　润滑装置的修理

CA6140 型卧式车床采用转子油泵集中供油、强制循环的润滑方式（见图 5-8），这种润滑方式具有润滑充分、润滑油温升小等优点。在大修时需要清洗或更换过滤器，检修油泵供油状态，检查各润滑油管供油情况，更换润滑油。

6.4.5　主轴箱部件的装配

主轴箱内零件的装配同其他箱体的装配一样，根据装配图所示的装配关系，采取先下后上、先内后外、先主后次的顺序，逐步对轴及齿轮进行装配调整。边装配边测量精度，最终达到主轴箱工作性能及精度要求。主轴箱部件装配后，除达到齿轮传动平稳、操纵机构灵活、开停机构可靠、箱体温升正常等一般要求外，主轴的几何精度还需达到下列要求：

1）主轴定心轴颈的径向圆跳动误差小于 0.01mm。

2）主轴轴肩的轴向圆跳动误差小于 0.015mm。

3）主轴轴向间隙小于 0.01 ~ 0.02mm。

6.4.6　主轴箱与床身的组装

主轴箱内各零件装配并调整好后，将主轴箱与床身组装。在主轴锥孔插入检验棒，测量床鞍移动对主轴轴线的平行度，配研修刮床身导轨的接触面，使主轴轴线达到下列要求：

1）床鞍移动对主轴轴线的平行度误差在垂直面内不大于 0.03mm，在水平面内不大于 0.015mm。

2）主轴轴线的偏斜方向只允许检验棒伸进端向上和向前偏斜，检测方法如图 6-23 所示。

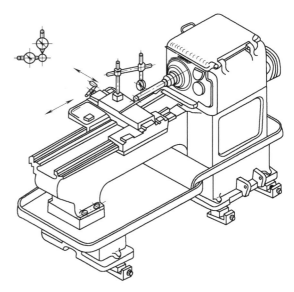

图 6-23　主轴轴线平行度的测量

6.5 进给箱部件的修理

　　CA6140 型卧式车床进给箱（见图 5-9）部件的功用是将卧式车床主轴箱传递的运动经变速后传递给溜板箱，由XⅡ轴将主轴的动力经交换齿轮组输入，经箱内基本组和增倍组变速机构变速后，由 XⅧ轴联轴器和 XⅨ轴联轴器分别将运动传递给丝杠和光杠。

6.5.1 进给箱部件的修理

　　进给箱部件的修理，主要是将磨损或失效的齿轮、轴承、轴等零件进行修理或更换，修理丝杠轴承支承法兰及进给箱变速操纵机构。这些零件经修换与调整后，必须严格按装配图规定的要求装配，特别是基本组齿轮的装配，要注意顺序与位置，否则将无法实现卧式车床标牌上所指示的螺距及进给量。

6.5.2 进给箱部件的修理安装精度要求

　　进给箱部件的修理安装精度要求，除保证各齿轮的啮合间隙、接触位置、轴承的回转精度外，还应保证丝杠连接轴的轴向窜动量不超差。丝杠连接轴轴向窜动的测量方法如图 6-24 所示，要求窜动量不大于 0.01～0.015mm。若窜动超差，可以通过选配推力球轴承和刮研轴承支承法兰表面进行修复。

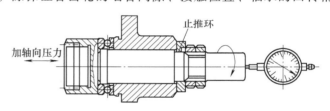

图 6-24　丝杠连接轴轴向窜动的测量方法

6.5.3 丝杠轴承支承法兰的修复方法

　　丝杠轴承支承法兰的修复方法如图 6-25 所示，特制一个刮研检验棒（要求检验棒轴线与端面垂直，外圆与法兰内孔呈 H7/h6 配合），分别刮研法兰两端面 1、2，要求修复后的法兰端面对其轴孔轴线的垂直度误差小于 0.006mm。若支承法兰修复后，丝杠连接轴窜动仍然超差，则应研磨推力球轴承两端表面，以达到相应的要求。

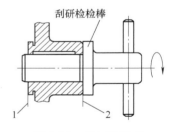

图 6-25　丝杠轴承支承法兰的修复方法

6.6 溜板箱部件的修理

　　溜板箱部件的主要功用是：将进给箱传递来的运动转换成床鞍的纵向进给运动和中滑板的横向进给运动，实现纵、横向快速运动及过载保护功能。溜板箱部件修理的工作主要有丝杠传动机构的修理、光杠传动机构的修理、安全离合器的修理及操纵机构的修理。

6.6.1 丝杠传动机构的修理

　　丝杠传动机构主要由传动丝杠、开合螺母、开合螺母体及溜板箱安装控制部分组成。当丝杠及操作机构磨损后，丝杠的螺距、牙型、表面粗糙度值都发生了变化；操纵机构的磨损，主要是指开合螺母及螺母体导轨磨损。当这些情况发生后，开合螺母在溜板箱上产生晃动，致使开合螺母在合拢时，螺母与丝杠的啮合不能保持在确定的位置上。这样，当加工螺纹时，刀具相对被加工螺纹侧面产生微量变动，难以控制稳定的切削厚度。这些原因都使所加工出螺纹的表面粗糙度值变大，尺寸精度降低。

对于丝杠的修复，可以采取精车和校直的方法，对丝杠操纵机构的修复可参考下列方法进行修理。

1. 开合螺母体及溜板箱导轨的修理

在车削螺纹时，开合螺母频繁地开合，使螺母体的燕尾导轨产生磨损，经调整垫片，虽然能保证导轨之间的间隙，但螺母的轴线位置发生了变化（向溜板箱方向移动），使丝杠旋转时受到侧弯力矩的作用。在修理时，要补偿开合螺母体燕尾导轨的磨损，加工或更换新螺母。

开合螺母体燕尾导轨修复的补偿环，一般选在开合螺母体燕尾导轨的平导轨面上，用粘结铸铁板或聚四氟乙烯胶带的方法进行修复。补偿环尺寸的测量方法如图6-26所示。测量时将开合螺母体安装在溜板箱导轨内并调整好，在溜板箱光杠孔内插入专用检验棒1，用开合螺母体夹持另一专用检验棒2，然后用千斤顶将溜板箱在测量平台上垫起，调整溜板箱的高度，使溜板箱的接合面与直角尺的直角边贴合（见图6-26b），检验棒1、2的母线与测量平台平行（见图6-26a），测量光杠检验

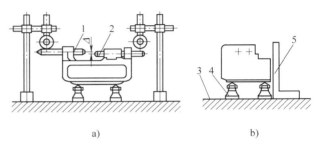

a)   b)

图 6-26 燕尾导轨补偿环尺寸的测量方法
a) 开合螺母修复补偿量的测量   b) 溜板箱的找正
1、2—检验棒 3—平板 4—千斤顶 5—直角尺

棒与开合螺母检验棒的高度差 Δ 值。丝杠、光杠之间 Δ 值的大小，就是开合螺母体燕尾导轨修复的补偿环尺寸（实际补偿尺寸，还应加上导轨的刮研余量）。

2. 开合螺母体及溜板箱燕尾导轨的刮研

在螺母体燕尾导轨补偿环设置好后，刮研螺母体与溜板箱之间的导轨面，刮研工艺如图6-27所示。

1）刮研溜板箱导轨。用小平板配刮导轨平面1（见图6-27），用专用角度底座配刮导轨面2，刮研时要用直角尺测量导轨表面1、2对溜板箱结合面的垂直度，要求为：导轨表面1、2对溜板箱结合面的垂直度误差在200mm测量长度上不大于0.08~0.1mm；导轨面与研具间的接触点达到均匀即可。

2）刮研开合螺母体。刮研时，首先车制一个实心的螺母坯，其外径与螺母体配合，并用螺钉与开合螺母体装配好，然后将开合螺母体与溜

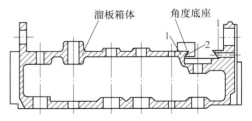

图 6-27 溜板箱燕尾导轨的刮研

板箱导轨面配刮，要求两者之间的接触精度不低于8~10点/（25mm×25mm），用检验棒检验螺母体轴线与溜板箱结合面的平行度，误差控制在200mm测量长度上不大于0.08~0.1mm，然后配刮调整垫片。

3. 重新加工开合螺母

开合螺母的加工是在溜板箱体与螺母体之间的燕尾导轨修复后进行的。用实心螺母坯和刮好的螺母体安装在一起并装配在溜板箱上，将溜板箱安装在卧式镗床的工作台上；采用图6-26所示的方法找正溜板箱的结合面；以光杠孔中心为基准，按孔间距的设计尺寸平移工作台，找出丝杠孔中心的位置；在镗床主轴孔内安装钻头，在螺母坯上钻出螺纹底孔；然后以这个孔为基准找正，在卧式车床上加工出螺母螺纹。采用这种方法，可以消除螺母孔与丝杠体的误差，也可以补偿因刮研造成的螺母体轴线偏移。

6.6.2　纵、横向机动进给操纵机构的修理

图6-28所示为CA6140型卧式车床纵向、横向机动进给的操纵机构。它的功用是实现床鞍的纵向快慢速运动和中滑板的横向快慢速运动的操纵和转换。由于使用频繁，操纵机构中的凸轮槽和操纵圆销易产生磨损，致使拨动离合器不到位，控制失灵。另外，离合器M_8、M_9齿形端面易产生磨损，造成传动打滑。这些磨损件的修理，一般采用更换的方法，从经济性和可靠性角度分析不宜采用修复方法。

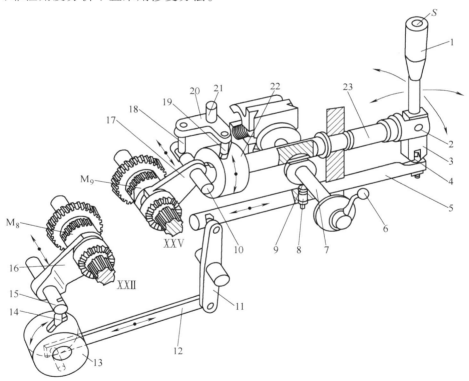

图6-28　CA6140型卧式车床纵向、横向机动进给的操纵机构

1、6—手柄　2—圆销　3—手柄座　4、9—球头销　5、7、23—轴　8—弹簧销　10、15—拨叉轴
11、20—杠杆　12—连杆　13、22—凸轮　14、18、19—圆销　16、17—拨叉　21—销轴

6.6.3　安全离合器的修理

安全离合器如图6-29所示，它由超越离合器M_6和安全离合器M_7组成。它的作用是

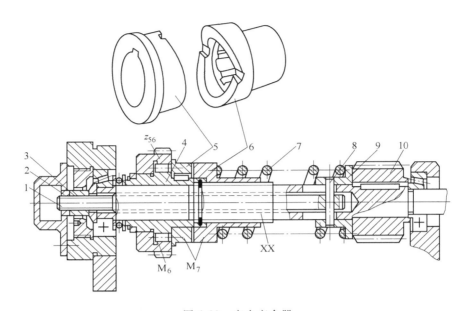

图 6-29　安全离合器

1—拉杆　2—锁紧螺母　3—调整螺母　4—超越离合器的星轮　5—安全离合器左半部
6—安全离合器右半部　7—弹簧　8—圆销　9—弹簧座　10—蜗杆

防止刀架的快速运动与工作进给运动的相互干扰，或当刀具工作进给超载时起安全保护作用。

安全离合器的主要失效形式是安全离合器和超越离合器的表面磨损。当安全离合器失效时，卧式车床在大进给量切削时出现打滑，无法正常工作；当超越离合器磨损后，卧式车床也无法实现满负荷运转。这个机构修复的主要方法是更换磨损了的离合器零件，调整弹簧压力使之能正常传动。

6.6.4　光杠传动机构的修复

光杠传动机构由光杠、传动滑键和传动齿轮组成。光杠传动机构的失效形式主要有光杠的弯曲、光杠键槽及键侧的磨损、齿轮的磨损等。这些零件的损伤会引起光杠传动不平稳，溜板纵向工作进给时产生爬行。光杠传动机构修复的主要工作是：光杠矫直、修整键槽、更换滑键、更换磨损严重的齿轮等。

6.7　尾座部件的修理

尾座部件装配图如图 6-30 所示，主要由尾座体、尾座垫板、顶尖套筒、丝杠、螺母等组成。尾座部件的作用是支承零件完成加工或夹持刀具加工零件。要求尾座顶尖套筒移动灵便，在承受切削载荷时定位可靠。

尾座部件的主要失效形式是尾座体孔及顶尖套筒的磨损、尾座垫板导轨面的磨损、丝杠及螺母磨损等。这些零件的失效使卧式车床车削零件产生圆柱度误差，在大修时应当视各零件磨损的程度，采取不同的修理方案。

6.7.1 尾座体孔的修理

由于顶尖套筒承受径向载荷并经常处于夹紧状态下工作，容易引起尾座体孔的磨损与变形，使尾座体孔口呈椭圆形及喇叭形。在修复时，一般都是先修复尾座体孔的精度，然后根据这个孔修复后的实际尺寸配制顶尖套筒。如尾座体孔磨损较轻时，可用研磨的方法进行修正；若尾座体孔磨损严重时，应在镗孔后再进行研磨修正，修磨余量要严格控制在最小范围，避免影响尾座的刚度。在研磨尾座体孔时，可以使用图6-31所示的专用研磨棒，并将尾座体孔口向上竖立放置进行研磨，以防止研磨棒的重力影响研磨精度。

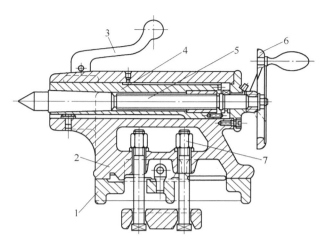

图 6-30　尾座部件装配图
1—尾座垫板　2—尾座体　3—锁紧机构手柄　4—顶尖套筒
5—丝杠　6—手轮　7—压紧机构

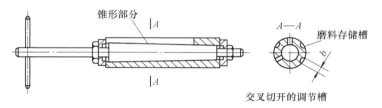

图 6-31　研磨棒的结构

6.7.2 尾座顶尖套筒的修理

尾座体孔修磨后，必须配制相应的顶尖套筒才能保证两者之间的配合精度。顶尖套筒的配制可以根据尾座体孔的修复情况而定，当尾座体孔磨损较轻采用研磨方法修复时，顶尖套筒可采用原来的零件经修磨外径及锥孔后整体镀铬，然后再精磨外圆达到技术要求。修磨锥孔时，要求锥孔轴线对顶尖套筒外径的径向圆跳动误差在端部小于 0.01mm，在 300mm 处小于 0.02mm；锥孔修复后安装标准顶尖检验，顶尖的轴向位移不超过 5mm。顶尖套筒的外圆柱面的圆度误差及圆柱度误差不大于 0.01mm，其轴线的直线度误差不大于 0.02mm。当尾座体孔磨损严重，经镗削修复后，按修复的孔重新配制新的顶尖套筒，所配制的顶尖套筒的精度要求与以上所述要求相同。

6.7.3 尾座垫板导轨的修复

尾座垫板导轨的磨损，直接影响尾座顶尖套筒轴线与主轴轴线高度方向的尺寸链，使卧式车床加工轴类零件时圆柱度超差。床身导轨的修磨也使这项误差变大。修复卧式车床主轴轴线与尾座顶尖套筒轴线高度方向尺寸链的方法有两种：一种是修刮主轴箱底面，将主轴轴线高度尺寸作为修配环，因主轴箱重量大难以翻转，修刮十分困难，较少采用。另一种是增加尾座垫板高度，就是把尾座垫板厚度尺寸作为修配环。这种方法简单易行，并可多次使用。在生产实际中，一般在尾座垫板底面粘贴一层铸铁板或聚四氟乙烯胶带，然后与床身导轨配刮。

6.7.4 尾座部件与床身导轨的拼装

在刮研尾座底板导轨时，除了补偿高度尺寸外，还要检验尾座安装后，顶尖套筒轴线对床身导轨的平行度，其测量方法如图 6-32 所示；顶尖套筒锥孔轴线对溜板移动的平行度，其测量方法如图 6-33 所示。尾座与床身导轨拼装后，应该达到下列要求：

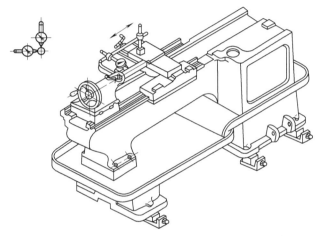

图 6-32　顶尖套筒轴线对床身导轨的平行度测量方法

1）主轴锥孔轴线和尾座顶尖套筒锥孔轴线对床身导轨的等高度误差不大于 0.06mm，只允许尾座端高，测量方法如图 6-34 所示。

2）溜板移动对尾座顶尖套筒伸出方向的平行度误差，在 100mm 测量长度上，上素线不大于 0.03mm，侧素线不大于 0.01mm。

3）溜板移动对尾座顶尖套筒锥孔轴线的平行度误差，在 100mm 测量长度上，上素线和侧素线都不大于 0.03mm。

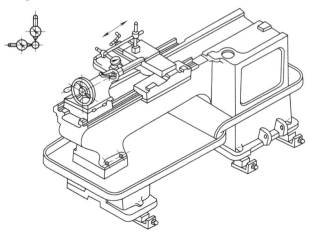

图 6-33　顶尖套筒锥孔轴线对溜板移动的平行度测量方法

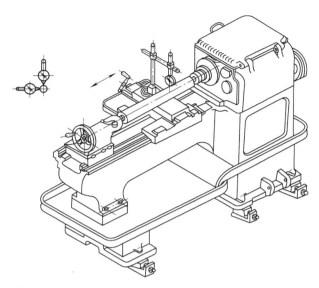

图 6-34　主轴锥孔轴线和尾座顶尖套筒锥孔轴线对床身导轨的等高度测量方法

6.8　卧式车床的总装配

6.8.1　卧式车床总装配的方式

卧式车床的总装配有两种装配方式：一种是将床身安装调整好水平后，逐步修复和组装各部件，边修复边调整各部件的安装精度和部件之间的位置精度，直到所有部件修理安装完毕。另一种是分别修理各部件，调整各自的精度达到要求后，统一组装部件，这时只注意调整部件之间的精度关系和传动关系。第一种装配方式常用于中小型机床设备的修理，第二种装配方式常用于大型机床设备的修理。

6.8.2　溜板箱和齿条的安装

安装溜板箱时，主要调整床鞍与溜板箱之间横向传动齿轮副的中心距，使齿轮副正确啮合，如图 6-35 所示。可以通过纵向（见图 6-35 的右方向）调整溜板箱位置来调整齿轮的啮合间隙，调整好后，重新铰制定位销孔并配制定位销。

安装齿条时，注意调整齿条的安装位置，使之与溜板箱纵向进给齿轮啮合间隙适当，检查在床鞍和床身上移动行程的全长上两者之间的啮合间隙。调整完成后，重新铰制齿条定位锥销孔安装齿条。

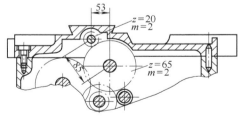

图 6-35　床鞍与溜板箱横向传动齿轮的安装

6.8.3　丝杠和光杠的安装

在丝杠安装时，要先调整进给箱、溜板箱和托架三支承件的同轴度。在床鞍的刮研中已经保证了溜板箱结合面与进给箱及托架安装面的垂直度（托架安装面与进给箱安装面平行），所以在检测三支承两孔同轴度时，只要保证了丝杠安装孔的同轴度，光杠及开停操纵杆的同轴度也就得到了保证。

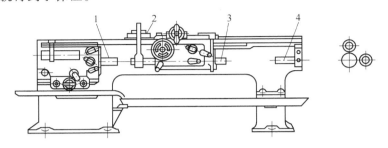

图 6-36　丝杠孔同轴度的测量

1、3、4—检验棒　2—专用表座

丝杠孔三支承同轴度的测量可以采用图 6-36 所示的方法，用检验棒测量。也可以用丝杠本身代替检验棒（这时要防止丝杠弯曲）。无论用哪种方法检测，都需要在开合螺母合拢的条件下检测。要求检验棒（或丝杠）轴线对床身导轨的平行度误差在上素线和侧素线上都不大于 0.02mm。若以上所述精度超差，可以调整进给箱和托架的位置，然后重新铰制进给箱与托架的定位销孔。丝杠安装后，还要测量丝杠的轴向窜动，使之小于 0.015mm，如图 6-37 所示；晃动丝杠，测量丝杠轴向间隙，使之小于 0.02mm。若以上所述两项精度超差，可以通过修磨丝杠安装轴法兰端面和调整推力轴承的间隙予以消除。

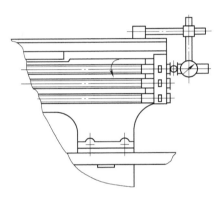

图 6-37　卧式车床丝杠轴向窜动的测量

6.9　卧式车床的试车与验收

卧式车床修理完毕，需进行机床空运转检验、机床几何精度检验和机床工作精度检验。

6.9.1　卧式车床空运转检验

卧式车床的空运转检验主要是检验机床各运动件是否运转灵活，紧固件是否紧固牢靠，结合面是否符合要求，各手柄是否操作轻便灵活等。需要达到以下要求：

1）固定结合面应紧密贴合，用 0.03mm 塞尺检验时应插不进去；滑动导轨的表面用涂色法检验，除达到接触斑点要求外，还要用 0.03mm 塞尺检验，在端部插入深度 ≤20mm；转动手轮所需的最大操纵力不超过 80N。

2）从低速开始依次运转主轴的所有转速，进行主轴空运转检验，在高速时运转时间不得少于半小时。运转时，要求滚动轴承的主轴温升不得超过 40℃；滑动轴承的主轴温升不得超过 30℃；其他轴承的主轴温升不得超过 20℃；主轴箱的振动和噪声不得超过规定值。

3）在主轴空运转检验时，主轴箱中的润滑油面不得低于油标线，油泵供油润滑时，供油量要充分。变速手柄调节要灵活，定位要准确可靠。调整摩擦离合器，使其在工作位置时能传递额定功率不发生过热现象；处于非工作状态时，主轴能迅速停止运转。制动闸带调整松紧合适，达到主轴处于 300r/min 转速运转时，制动后主轴转动不大于 2～3r；非制动状态闸带能完全松开。

4）尾座部件的顶尖套筒由套筒孔最内端伸出至最大长度时，无不正常的间隙和滞塞现象，手轮转动轻便，顶尖套筒夹紧装置操作灵活可靠。

5）床鞍与刀架部件在空运转检验时，要使床鞍在床身导轨上移动平稳，中、小滑板在其燕尾导轨上移动平稳，塞铁、压板调整松紧适当。各丝杠旋转灵活准确，带有刻度的手轮（或手柄）反向时空程不超过 $1/20r$。

6）进给箱输出的各种进给量应与转换手柄标牌指示的数值相符。在进给箱内各齿轮定位可靠，变速换位准确，各级速度运转平稳。

7）溜板箱各控制手柄转换灵活准确，无卡阻现象，纵、横向快速进给运动平稳。丝杠开合螺母控制灵活。安全离合器弹簧调节的松紧适当，传力可靠，脱开迅速。

8）带传动装置调节适当，四根 V 带松紧一致。

9）电气设备控制准确可靠，电动机转向正确。润滑、冷却系统运行可靠。机床外观完整、齐全。

6.9.2　卧式车床几何精度检验

卧式车床几何精度检验主要按 GB/T 4020—1997 要求的主要检验项目检验，其检验项目的方法及要求的精度指标可参考 GB/T 4020—1997 标准。

6.9.3　卧式车床工作精度检验

卧式车床工作精度检验是检验机床动态工作性能的主要方法。其检验项目有：精车外圆、精车端面、精车螺纹及车断检验。以这几个检验项目，分别检验卧式车床的径向和轴向刚度性能及传动工作性能。其具体方法为：

1）精车外圆检验。用高速钢车刀车削 $\phi30 \sim \phi50mm \times 250mm$ 的 45 碳素钢棒试件，检验所加工零件的圆度误差不大于 0.01mm，圆柱度误差不大于 0.01mm，表面粗糙度 Ra 值不大于 $1.6\mu m$。

2）精车端面检验。用 45°的标准右偏刀加工 $\phi250mm$ 的铸铁试件端面，加工后其平面度误差不大于 0.02mm，只允许中间凹。

3）精车螺纹检验。精车螺纹主要是检验机床的传动精度，用 60°高速钢标准螺纹车刀加工 $\phi40mm \times 500mm$ 的碳素钢棒试件。加工后要使螺纹表面无波纹及表面粗糙度 Ra 值不大于 $1.6\mu m$，螺距累计误差在 100mm 测量长度上不大于 0.06mm，在 300mm 测量长度上不大于 0.075mm。

4）车断检验。用宽 5mm 的标准车断刀车断 $\phi80mm \times 150mm$ 的 45 碳素钢棒试件，要求车断后试件车断底面不应有振痕。

1. 简述床身导轨的修理工艺。
2. 简述溜板部件的刮削工艺。
3. 用什么方法测量主轴轴线的平行度？
4. 用什么方法测量主轴锥孔轴线和尾座顶尖套筒锥孔轴线对床身导轨的等高度？

参 考 文 献

[1] 晏初宏. 机械设备修理工艺学 [M]. 2 版. 北京：机械工业出版社，2010.

[2] 黄汉军. 机械系统拆装：下册 [M]. 上海：上海科学技术出版社，2009.

[3] 张忠旭. 机械设备安装工艺 [M]. 北京：机械工业出版社，2013.

[4] 李铁尧. 金属切削机床 [M]. 北京：机械工业出版社，1990.

[5] 董晓冰，于向和，等. 零件的手动工具加工 [M]. 北京：机械工业出版社，2011.

[6] 顾维邦. 金属切削机床：上册 [M]. 北京：机械工业出版社，1984.

[7] 周继烈，姚建华. 机械制造工程实训 [M]. 北京：科学出版社，2005.

[8] 吴圣庄. 金属切削机床概论 [M]. 北京：机械工业出版社，1980.

[9] 殷燕芳，黄文呈. 工程训练教程 [M]. 成都：电子科技大学出版社，2014.

[10] 孔庆华. 金属工艺学实习 [M]. 上海：同济大学出版社，2005.

[11] 王茂元. 机械制造技术 [M]. 北京：机械工业出版社，2001.

[12] 孙朝阳，刘仲礼. 金属工艺学 [M]. 北京：北京大学出版社，2006.

[13] 郑品森，刘文芳. 机械制造工艺学 [M]. 北京：中央广播电视大学出版社，1987.

[14] 董丽华. 金工实习实训教程 [M]. 北京：电子工业出版社，2006.

[15] 郑修本，冯冠大. 机械制造工艺学 [M]. 北京：机械工业出版社，1992.

[16] 王修斌，程良骏. 机械修理大全：第一卷 [M]. 沈阳：辽宁科学技术出版社，1993.